採集と見分け方がバッチリわかる

アンモナイト図鑑

守山容正［著］
Hiromasa Moriyama

築地書館

はじめに

本書は前作ともいうべき、大八木和久著『日本のアンモナイト』の採集と見分け方の側面を補う目的で、前作著者の大八木さんの助力を得ながら作られた。できるだけ多くの標本や情報を提供することを第一義に考え、本文中に情報源となった論文を書き記していくことを前提とした。

一口にアンモナイトといっても多種多様だ。オウムガイからアンモナイトの祖先のバクトリテスが分化したのは古生代シルル紀のことらしい。４億年以上も前だ。その後、ゴニアタイト目やセラタイト目が出現し２億年以上も前の三畳紀中頃にアンモナイト目がやっと登場した。

そのアンモナイト目も世界中でジュラ紀、白亜紀を通じ多様化し大繁栄した。皆さんは日本の北海道がそのアンモナイト化石の世界的な産出地であることをご存知だろうか。さる有名な化石家が北海道で採取した日本を代表するともいえる、ニッポニテス ミラビリスというアンモナイトに某国の関係者から購入申し込みがあった際、「樺太となら交換してもよい」と言ったらしい。それほど北海道の化石は立体的でかつ美しい。

ただ北海道で得られるアンモナイト化石は主として白亜紀の後半以降のものが多い。前作の『日本のアンモナイト』に引き続き、北海道のアンモナイトに重点を置いて紹介していこうと思う。

「化石はどんなふうに採れるのか」とか「土の中に１つだけあるのか」などとよく質問されるので、本書ではなるべく産出状況が読み取れるような標本を多く揃えることに努めた。

16年ほど前になるが北海道に７か月ほど住むことになった。その前年に知り合ったのが、全骨格の90％近くの化石が出た、恐竜ハドロサウルスの仲間である「むかわ竜」の第一発見者である堀田良幸さんだ。恐竜で世界的に著名な北海道大学の小林快次先生も、化石発見の腕前においては舌を巻くほどの、まるで仙人のような人だ、と評する。

堀田さんは私の３人いる師匠のお１人だ。ご一緒に何十回も化石採集に連れて行ってもらった。北海道では西も東もわからぬ私に「化石産出帯」の見方だの、露頭に埋もれているノジュール（化石の含まれている石の団塊）の見つけ方だの何度も何度もお教えくださった。が、残念ながら何一つ身につけられなかった。堀田さんには申し訳ない限りだ。その当時堀田さんと一緒に採取したノジュールも、もちろんその後も毎年何回か渡道していくつもノジュールは採ったが、ボチボチ底が見えてきた。引退後の生活リズムの基盤にと思い、化石のクリーニングをほぼ毎日２時間から５時間ほどしている。

そうしてでき上がった化石の標本も1000個ほどになり、近隣や希望される小・中学校などにお配りしつつ手元のアンモナイトの標本が何とか１冊のまとまった本にならないかと２人目の師匠である大八木さんにご相談したことがある。

大八木さんと初めてお会いしたのは福井の高浜だ。すでにそれまでに有名な方だったので氏の著書は何冊か読んでいた。『化石を掘る』を読み『日本全国化石採集の旅』も読んだ。で、その高浜で「このテングニシ捨てようかな。ちょっと欠けているからね」とこちらのほうを見ながらニヤッとした。周りに何人か仲間がいたが、私が間髪いれずに「ください」と言って、自分では採れそうにないテングニシの化石をいただいた。今も私の標本棚で健在だ。

以後大八木さんとは北海道を中心に三重、石川、富山、高知などをご一緒した。氏は超人的な体力の持ち主で、あるときなど北海道の上羽幌のゲートから逆川を経て岳見沢、白地畝沢をまわり、中二股、七つトンネルを抜けゲートまで戻る20kmほどの行程を、自転車に乗り、あるいは自転車を引きずり、ドロドロの林道を移動しつつ露頭や沢で化石を採った。私はくたくたになりその夜は体も動かせなかったが大八木さんは全く平気そうだった。そんな大八木さんから『日本のアンモナイト』の続編を書かないかとのお話をいただいたのが本書へとつながった。

私の地元関西での化石採集について、3人目の師匠である小西逸雄氏の知識と経験は不可欠である。いやそれ以上に氏の人格は周囲から一目も二目もおかれている。私の所属する「兵庫古生物研究会」の中心メンバーだ。本書で取り上げた北海道以外の化石の産出地紹介と「精密クリーニング」の項は小西さんにお願いした。

また「化石のクリーニング」の章の「命を吹き込むクリーニング」の部分は、「兵庫古生物研究会」随一の曾和由雄氏が分筆した。巡検で曾和さんに後ろを歩かれ、見落としたノジュールを次から次へと発見される。何度も手痛い目にあった。化石を「見つける」目も鋭く、実に多くの現場での「思いやり」をいただいた。

さらに標本については、いつも北海道の巡検に付き合ってくれた、あの大八木さんとの羽幌巡検も同行した葛木啓之氏から多くを提供してもらった。また巡検記もお手伝いいただいた。

本書では以上のような経緯から白亜紀の北海道を中心としたものになっており、科分類によるアンモナイトの図版、次に属・種毎のアンモナイトの特徴、産地紹介などの実務的内容へと続く。アンモナイトのクリーニングについても一歩踏み込んだものを紹介させていただいた。

さらに巻末には、より詳細な産地情報や、アンモナイトの属・種に関する記述のある資料や論文をリストにし、その要旨、言及されているアンモナイト、水系を一覧にした。巡検に先立ってご一読いただければ役に立つと思う。

またアンモナイトの属・種名についてはアマチュア採集家として私自身が聞きなれている名称をカタカナで書いた。ラテン式読み方や英語式読み方が交ざっているがお許し願いたい。

最後に本書の目的は化石採集、特に北海道でのアンモナイト採集の実用書、そしてアンモナイト同定のための入門書であることを目指した。少しでもお役に立てれば幸甚だ。

守山容正

目次

①白亜紀の各地層区分について

本文中での各地層区分の表示はカタカナを用いた。ただし、「アンモナイトを同定しよう」の項では、一覧表のスペースに限りがあるため下記のアルファベットによる略号を用いた。

地層名	略号	(単位：100万年前)
マストリヒチアン	Maa	(72～66)
カンパニアン	Cam	(84～72)
サントニアン	San	(86～84)
コニアシアン	Con	(90～86)
チューロニアン	Tur	(93～90)
セノマニアン	Cen	(101～93)
アルビアン	Alb	(113～101)
アプチアン	Apt	(125～113)
バレミアン	Bar	(129～125)
オーテリビアン	Hau	(133～129)
バランギニアン	Val	(140～133)
ベリアシアン	Ber	(145～140)

②標本写真と青字の番号について

本書の画像については、著者自身の標本による写真と共著者、協力者の標本による写真を用いた。提供写真の多い順に、青字のSWで表示しているのは曾和由雄氏のもの、同じくKNで表示されているのは小西逸雄氏のもの、EGで表示されているのは葛木啓之氏のもの、OYGで表示されているのは大八木和久氏のものである。表示のないものは著者自身のものである。

③渦巻きタイプ（正常巻き）・自由巻きタイプ（異常巻き）

「アンモナイトを見分けるには」の項で詳しく述べているが、本書では正常巻き・異常巻きの呼称を用いず、渦巻きタイプ・自由巻きタイプという呼称を用いる。

白亜紀のアンモナイト ー科分類ー

フィロセラス科 1

ネオフィロセラス サブラモーサム

穂別稲里 サントニアン 180 mm

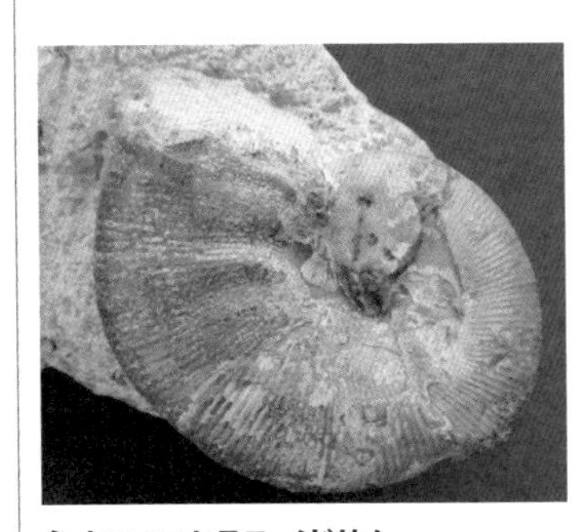

ネオフィロセラス ノドサム

穂別稲里 カンパニアン 38 mm

上のネオフィロセラス サブラモーサムは2006年に和泉地学同好会のメンバーで初めて穂別の沢を遠征したときに採取した。みんなが見捨てていったちょっと脈の入った亀甲石を何の期待もせずに割ったところ見事な飴色の姿を現した。本当に透き通るような飴色だった。残念ながら時間とともに酸化してしまった。それ以降、亀甲石は必ず割る習慣ができてしまった。

2019年の穂別博物館広報誌によると、ネオフィロセラス ノドサムは日高の里平で採取されたものが新種として認められたとのことだ。ネオフィロセラスには、しわのようなふくらみや高まりがあるとは思ってもいなかったので、クリーニングをしてネオフィロセラス ノドサムが出てきたときは少なからず驚いた。

が、実は30年近く前に九州大学の松本達郎先生が穂別の堀田さんが所有するネ

フィロセラス科２

オフィロセラス ヘトナイエンセの中にもしわのようなふくらみや高まりのあるものをご覧になって「研究中のネオフィロセラス ヘトナイエンセ ナシイ」とおっしゃったそうだ。ゴードリセラスのご研究中に穂別を訪れ、堀田さんとお会いになられたときのことだ。「ナシイ」は残念ながら学名には至っていない。

先日、ネオフィロセラス ノドサムについて堀田さんに教えてもらおうとお話をしている際、「マストリヒチアンのネオフィロセラスにもふくらみのついたのがあるんだ」と松本先生とのやりとりを私に教えてくれた。改めて私が持っているネオフィロセラス ヘトナイエンセをクリーニングしなおしてみると、なんと、ネオフィロセラス ヘトナイエンセのナシイであった。

藤内沢 シュードペリシテスとネオフィロセラス ヘトナイエンセ マストリヒチアン
シュードペリシテスは95mm、ネオフィロセラスは23 mmでとても小さい。

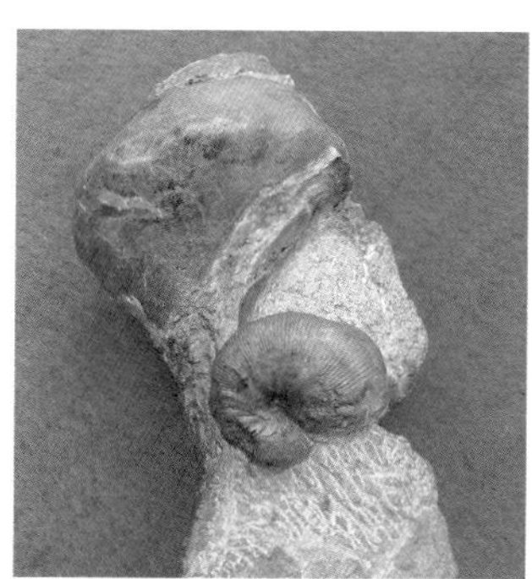

左のネオフィロセラスの拡大画像。

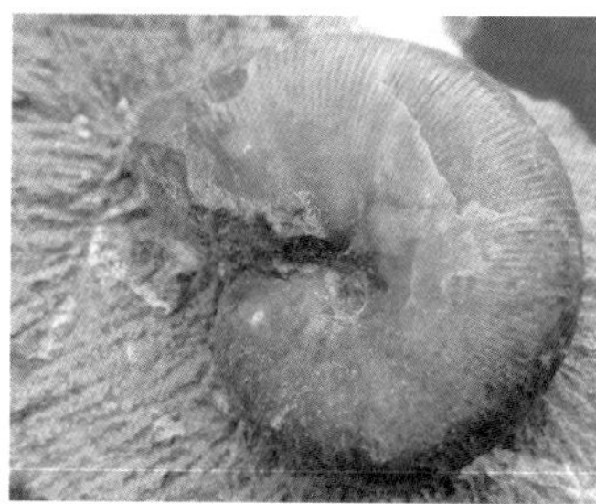

【左】ネオフィロセラス ヘトナイエンセ 藤内沢 マストリヒチアン 35 mm

【右】ネオフィロセラス ヘトナイエンセ 藤内沢 マストリヒチアン 28 mm

いくつもネオフィロセラス ヘトナイエンセを並べたのは、その特徴の一つをお伝えするためだ。上の23 mmの個体は螺環に波打つしわと「泡」のような高まりがあるが、下の28 mmの標本では、しわと「泡」のような高まりはわずかで、35mmの標本ではなくなっている。松本先生の下記の文献によると「泡」状の高まりは、幼年殻のみの特徴とある。

ヘトナイエンセの他の特徴としてヘソがひときわ小さいこと、螺環の扁平も際立っていることなどがあげられている（＊5）。“Some ammonites from the Campanian of northern Hokkaido” より

フィロセラス科 3

ネオフィロセラス ビゾナータス

小平蘂川 セノマニアン 20mm SW

ネオフィロセラス サブラモーサム

中川ワッカウエンベツ サントニアン 63mm

フィロパキセラス エゾエンシス

中川ワッカウエンベツ 36 mm

フィロパキセラス エゾエンシス

稲荷の沢 サントニアン 60 mm

フィロセラス科 4

和泉層群のマストリヒチアンのネオフィロセラスだ。小さいのには、なんとなく「しわ」があるように見える。また螺環の厚みもなくヘトナイエンセナシイの特徴に合致する。

ネオフィロセラス 未定種
大阪阪南 マストリヒチアン 20 mm SW

ネオフィロセラス 未定種
大阪阪南 マストリヒチアン 25 mm SW

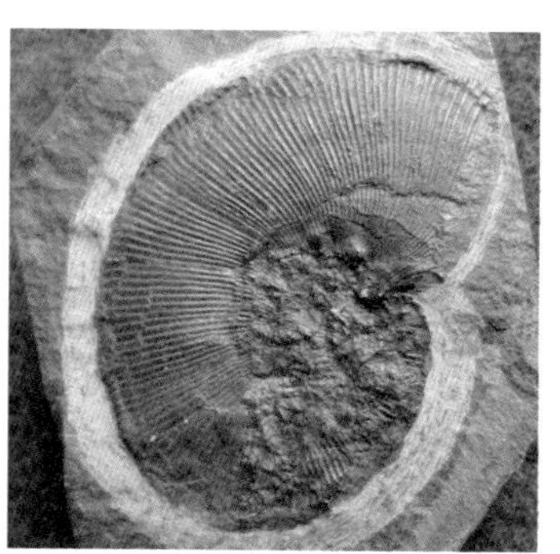

ネオフィロセラス 未定種
和歌山湯浅 サントニアン 50 mm SW

ネオフィロセラス 未定種
大阪府箱作 マストリヒチアン 130mm SW

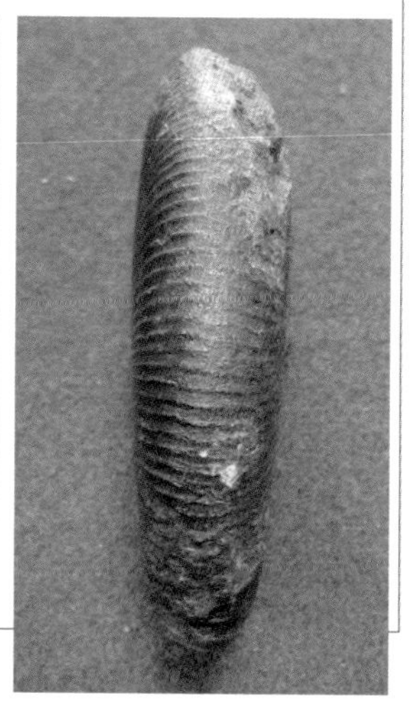

ゴードリセラス科 1

パラジョウ ベルテラ（左）とアナゴードリセラス サキア

【上】アナゴードリセラス サキア

穂別稲里 セノマニアン 130 mm

アナゴードリセラス ホイットニイ

小平蘂川 セノマニアン 80mm

アナゴードリセラス サキアに比べて
ホイットニイは肋の間隔がかなり広い。

アナゴードリセラス リマータム

芦別川 コニアシアン 170mm

アナゴードリセラス リマータム

芦別川 コニアシアン 150mm

アナゴードリセラス リマータムは丸みがあり幅の広い肋が住房部全体を覆っている。
他のアナゴードリセラスと肋の形が異なる。

ゴードリセラス科 2

アナゴードリセラス リマータム

上一の沢 チューロニアン～コニアシアン
150 mm SW

アナゴードリセラス ポリティシマム

新登川 コニアシアン 90mm
上のリマータムに比べ主肋の盛り上がり方がかなり違う。肋が細く成長方向に前のめりになった形をしている。

アナゴードリセラス ヨコヤマイ

穂別稲里 サントニアン 63mm

アナゴードリセラス ヨコヤマイ

遠別清川 カンパニアン 65mm
メタプラセンチセラスゾーン産出。殻口縁まで保存されているが住房部が押されている。

ゴードリセラス科 3

ゴードリセラス サブコスタータム

小平蘂川 セノマニアン 53mm

周期的なくびれ状主肋が特徴。

ゴードリセラス サブコスタータムとデスモセラス（下）

小平蘂川 セノマニアン 55 mm

【下】ゴードリセラス ヨコイイ

小平蘂川 セノマニアン 47mm

ヨコイイはややヘソが小さく分厚い。

ゴードリセラス 未定種

スリバチ沢 セノマニアン
25 mm SW

ヨコイイに比べヘソの落ち込み方が緩やかだ。

ゴードリセラス デンセプリカータム

左股沢 コニアシアン 70mm

住房の肋が未発達の個体。左股沢の入り口付近に真っ二つに割られて投げ捨てられていた。

ゴードリセラス科 4

ゴードリセラス デンセプリカータム

穂別稲里 チューロニアン
母岩長 240mm

ゴードリセラス テヌイリラータム

穂別稲里 サントニアン 95mm

テヌイリラータムはヘソがデンセプリカータムに比べ浅い。また細肋が目立ち主肋の配列がややランダム。

ゴードリセラス テヌイリラータム

マッカシマップ サントニアン 105mm

ゴードリセラス科 5

ゴードリセラス インターメディウム

中川佐久 サントニアン 250 mm EG

左端は石膏にて補修。

ゴードリセラス インターメディウム

穂別稲里 サントニアン 320mm

ゴードリセラス ストリアータム

占冠ニニップ
カンパニアン 75mm
SW

主肋が等間隔に並んで
細肋がなく条線がある。

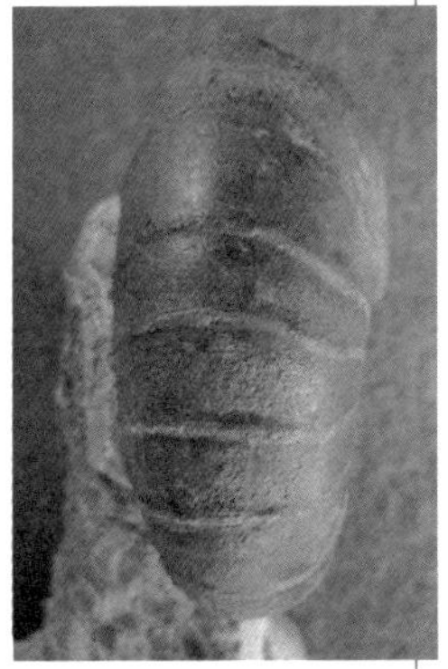

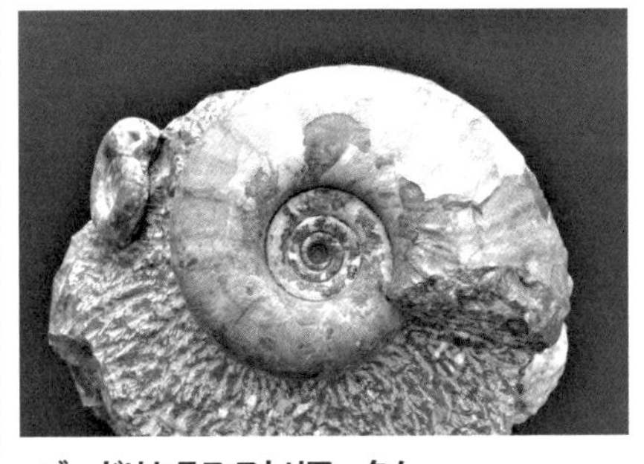

ゴードリセラス ストリアータム

中川ワッカウエンベツ カンパニアン
78 mm EG

ゴードリセラス ストリアータム

中川佐久 カンパニアン 60 mm

ゴードリセラス科 6

ゴードリセラス 未定種
大曲沢川
サントニアン
45 mm SW
オルナータムやカエイに似るが対比資料が乏しい。

ゴードリセラス 未定種
穂別稲里 カンパニアン〜マストリヒチアン 90mm

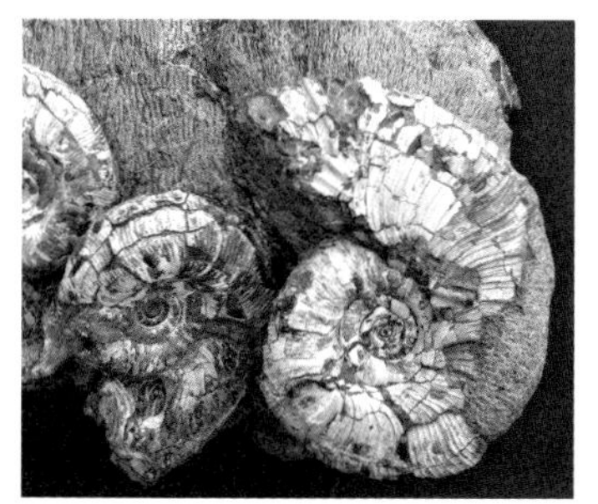

ゴードリセラス マミヤイ
中川ワッカウエンベツ カンパニアン
105mm、88mm

松本先生の“Some ammonites from the Campanian of northern Hokkaido”にはマミヤイの特徴として「螺環は、盛り上がった側面から急にヘソへ丸く落ち込み最後は垂直な壁になる。気室部螺環には周期的なコンストリクションがあり住房部にかけて不明瞭になる。また成年殻の住房部は少なくとも巻き角度が200度はある。コンストリクションを伴う主肋は波曲し、長短肋や分岐肋になる。主肋間には2〜4本の補助肋がある。狭く盛り上がった細かな肋で装飾されている」（＊5）という意味の記述がある。肋がゴツゴツした印象を受ける。

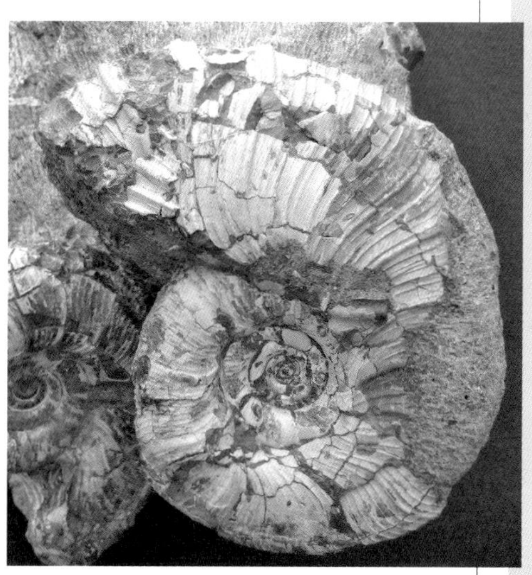

ゴードリセラス マミヤイ（左の拡大）

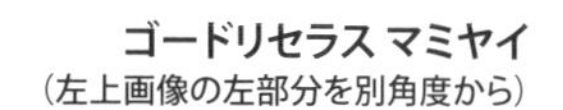

ゴードリセラス マミヤイ
（左上画像の左部分を別角度から）

ゴードリセラス科 7

ゴードリセラス イズミエンゼ

大阪貝塚 マストリヒチアン 230 mm SW

ゴードリセラス イズミエンゼ

大阪貝塚 マストリヒチアン 240mm KN

ゴードリセラス ハマナカエンセ（ホベツエンゼ）

浜中町 マストリヒチアン 110 mm

ゴードリセラス トンベツエンゼ（ホベツエンゼ）

和歌山清水 マストリヒチアン 200 mm SW

ゼランディテス カワノイ

オンコの沢 サントニアン 40 mm

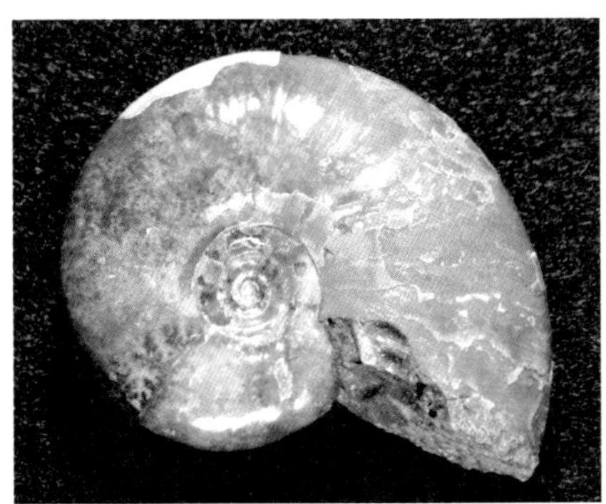

ゼランディテス カワノイ

古丹別上の沢 サントニアン 38 mm KN

テトラゴニテス科 1

テトラゴニテス キッチニイ

スリバチ沢 セノマニアン 20 mm

四角く平らな螺環外周部が特徴的。

テトラゴニテス レクタンギュラリス

穂別稲里 セノマニアン 18 mm

四角く螺環幅がある。
上はレクタンギュラリスの螺環外周部。
キッチニイよりかなり幅が広い。

テトラゴニテス グラブルス

夕張川 チューロニアン 85 mm

テトラゴニテス ポペテンシス

築別川 サントニアン～カンパニアン 65mm

テトラゴニテス科 2

シュードフィリテス

穂別稲里 サントニアン〜カンパニアン 100 mm

ヘソが狭く住房部で螺環高が急拡大するため螺環が薄い。

パラジョウベルテラ ジゾウの幼年殻の螺環外側。条線が殻口部に向かってやや凸、タナベセラスの条線はやや凹。

シュードフィリテス

稲荷の沢 サントニアン 105mm

右横に並べたグラブルスとヘソの割合がかなり異なる。

【左】パラジョウベルテラ ジゾウ

穂別稲里 セノマニアン 68mm

【右】パラジョウベルテラ ジゾウの幼年殻

マッカシマップ セノマニアン 37 mm

ジゾウは次ページのカワキタナに比べ肋が明瞭。またカワキタナほど大きい個体はない。

テトラゴニテス科 3

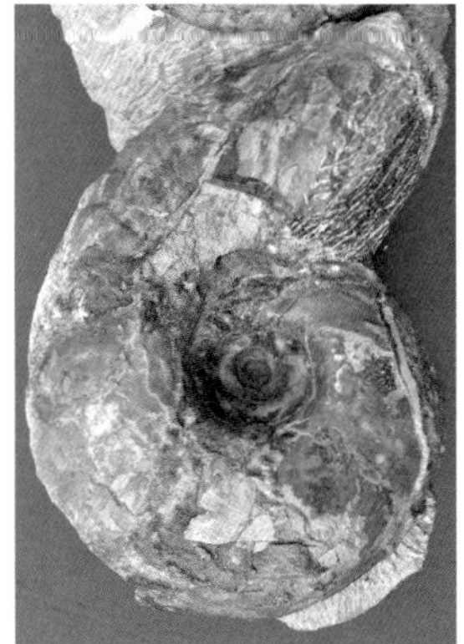

【左、上】パラジョウベルテラ カワキタナ

穂別稲里 セノマニアン 150 mm

パラジョウベルテラ カワキタナ

スリバチ沢 セノマニアン 105mm

パラジョウベルテラ カワキタナ

穂別稲里 セノマニアン 95mm

ヘソの壁が垂直なパラジョウベルテラと傾斜角度が二段階で「漏斗状」のヘソの壁になっているタナベセラス。

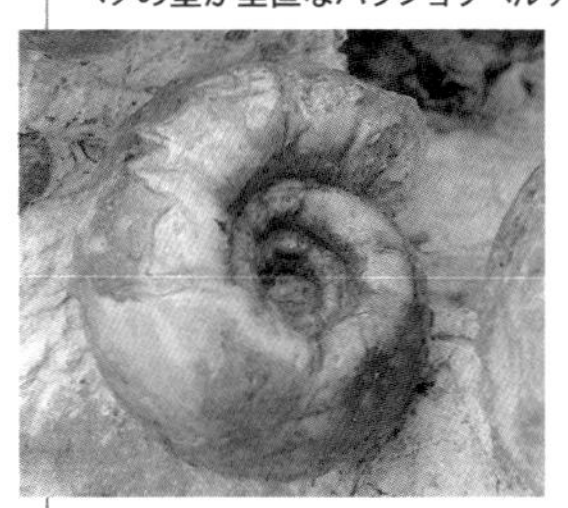

タナベセラス ミカサエンセ

穂別稲里 セノマニアン 15 mm

タナベセラス エゾエンセ

穂別稲里 セノマニアン 20 mm

肋、条線が残っている。

タナベセラス エゾエンセ

スリバチ沢 セノマニアン 18 mm

タナベセラスの縫合線

スリバチ沢 セノマニアン 18 mm

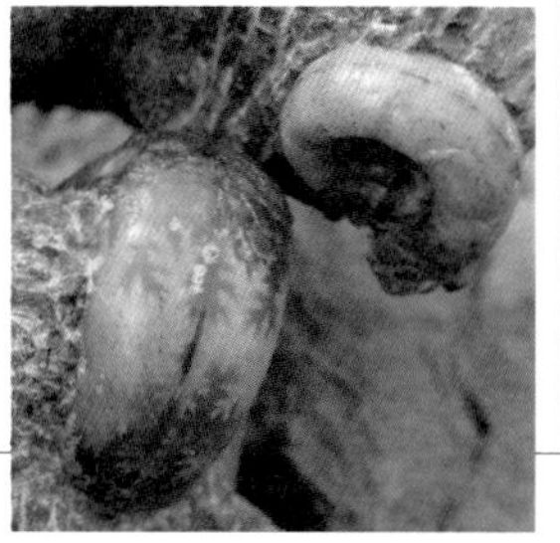

コスマチセラス科 1

エオグンナリテス ユニクス

小平蘂川 セノマニアン 55mm
ヘソ周辺に突起がある。

エオグンナリテス ユニクス

穂別稲里 セノマニアン 48mm

マーシャライテス コンプレッサス

小平蘂川 セノマニアン 32 mm
肋がヘソ周辺で集まり突起を形成する。螺環外側が尖って見える。主肋と細肋があり一見するとプゾシアに似る。

マーシャライテス

オルコステファノイデスと思われる種
小平蘂川 セノマニアン 27 mm
くびれが直線的でヘソが中程度。状態が悪く細肋の特徴がわからない。

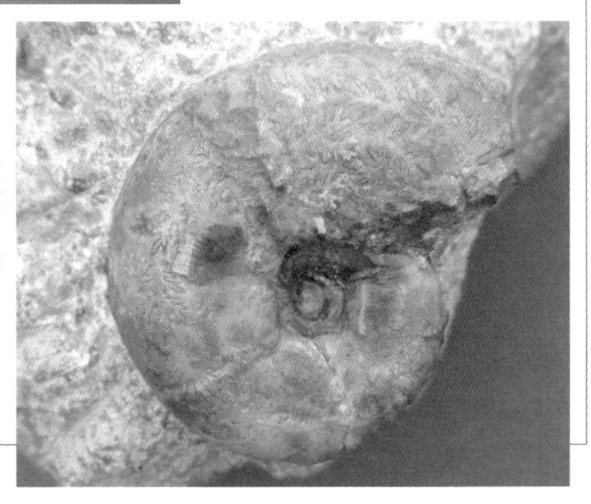

コスマチセラス科 2

マーシャライテス カンシュワエンシス

小平蘂川 セノマニアン 22 mm

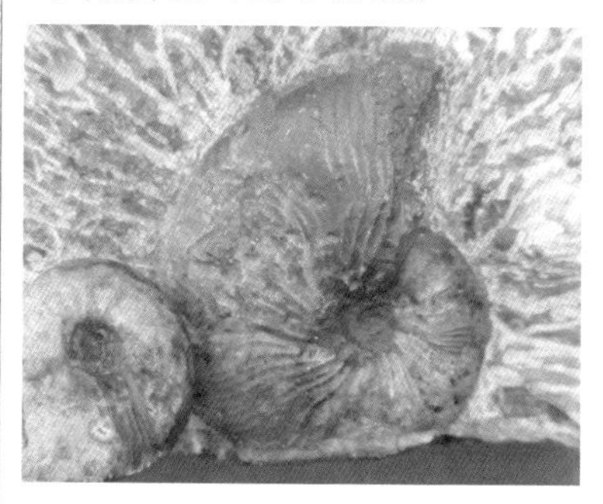

マーシャライテスの一種

小平蘂川 セノマニアン 21 mm

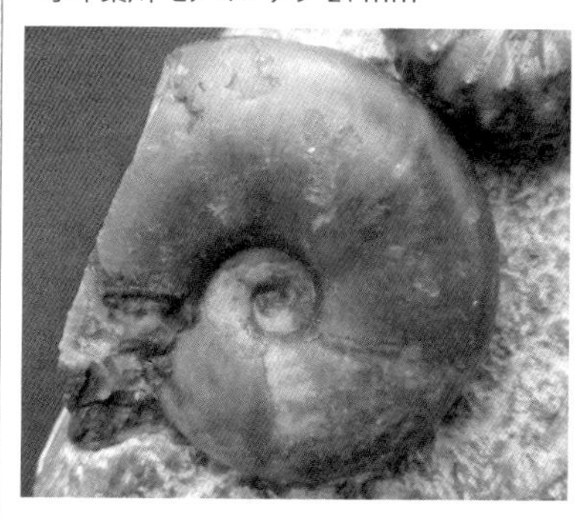

コスマチセラス フレキソーサムの幼年殻

上巻沢 チューロニアン 30 mm

分岐肋、S 字肋が多い。

松本先生の "The mid - Cretaceous ammonites of the family Kossmaticeratidae from Japan" には、「かなり小さく密巻きで扁平、くびれは頻繁だが幅が狭く前方屈曲のやや曲がりくねった多数の先端の尖った肋をもつ。肋はヘソ周辺で結束し高まりを有する」(＊6) とあり、本種の特徴が言い尽くされている。

コスマチセラス ジャポニカム

芦別川 コニアシアン 50 mm SW

コスマチセラス セオバルディアヌム (幼年殻)

穂別安住 コニアシアン 46 mm

まばらな分岐肋がある。

コスマチセラス科 3

コスマチセラス セオバル ディアヌム
大巻沢
チューロニアン〜コニアシアン
165 mm
プゾシア類より肋が粗く螺環外側の尖った感じが弱い（螺環外側の断面が等脚台形状である）。

コスマチセラス セオバルディアヌム
大巻沢
チューロニアン〜コニアシアン
147 mm EG

コスマチセラスの一種
キムン芦別 コニアシアン?
75mm EG

次ページのヨコヤマオセラスはプゾシアに似た形状であるが、螺環の外周部の肩に突起があるグループのアンモナイトと覚えたものだ。しかし突起のないネオプゾシアの仲間もまとめてヨコヤマオセラス イシカワイとされることになった。

小型種であるヨコヤマオセラス ジンボイ、ネオプゾシア ハボロエンシス、と大型種であるネオプゾシア イシカワイ、ネオプゾシア ジャポニカがヨコヤマオセラス イシカワイとしてまとめられることになった。

しかしヨコヤマオセラスには螺環外周部の肩だけではなく螺環外側の真ん中に突起のあるものや、残念ながら標本がなく本書には掲載できなかったが、螺環の肩ではなく背面に２列の突起があるもの（ヨコヤマオセラス ヨコイイ）がある。

また全体の形状や印象もプゾシアよりもコスマチセラスに似たものがある。

コスマチセラス科 4

ヨコヤマオセラス ミニムス

芦別川
チューロニアン〜コニアシアン
22 mm

殻口近くの螺環外側の真ん中にも突起がある。

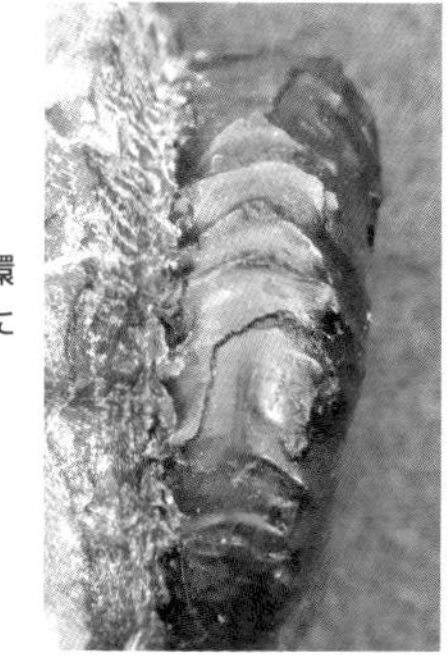

ヨコヤマオセラス ミニムス

上一の沢 チューロニアン〜コニアシアン
25 mm SW

下はヨコヤマオセラス ミニムスの螺環外周部、右端の殻口部に突起が見える。SW

ヨコヤマオセラス イシカワイ

古丹別川 コニアシアン〜サントニアン 18 mm

別角度からの画像。

コスマチセラス科 5

【左、下】
突起のあるヨコヤマオセラス イシカワイ。以前はヨコヤマオセラス ジンボイといわれていたもの。

ヨコヤマオセラス イシカワイ

アカノ沢
サントニアン 35 mm
SW

ヨコヤマオセラス イシカワイ

中川佐久 サントニアン 60 mm
ネオプゾシア イシカワイと呼ばれていたもの。
突起のないタイプ。

ヨコヤマオセラス イシカワイ

大曲沢川 サントニアン 28 mm

ヨコヤマオセラス イシカワイ

中川佐久 サントニアン
80mm
同じくネオプゾシア イシカワイと
呼ばれていたもの。

デスモセラス科 1

デスモセラス エゾアヌム
小平蘂川 セノマニアン
140mm SW
ラペットとロストラムが残る。
一個体ノジュールから。

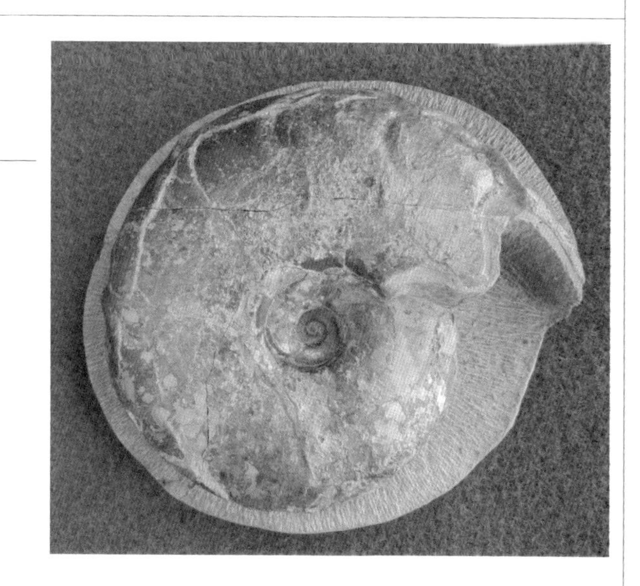

デスモセラスも種分類が難しい。エゾアナムとジャポニカムはよく似ている。ともにヘソはやや広めだ。エゾアナムには「くびれ」がないという考えもあるようだが下の標本にはりっぱなくびれがあり螺環も扁平だ。

またエゾアナムは扁平なため、殻口縁には螺環外側中央に大きく肋が突出するので見事なロストラムができる。

デスモセラス エゾアナム
マッカシマップ セノマニアン
115 mm

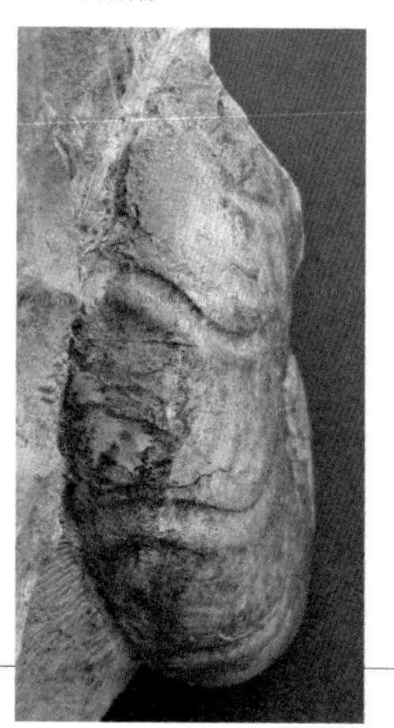

デスモセラス科 2

デスモセラス エゾアナム

小平蘂川 セノマニアン
80mm

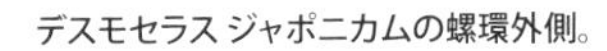
デスモセラス ジャポニカムの螺環外側。

デスモセラス ジャポニカム

穂別稲里 セノマニアン 78 mm

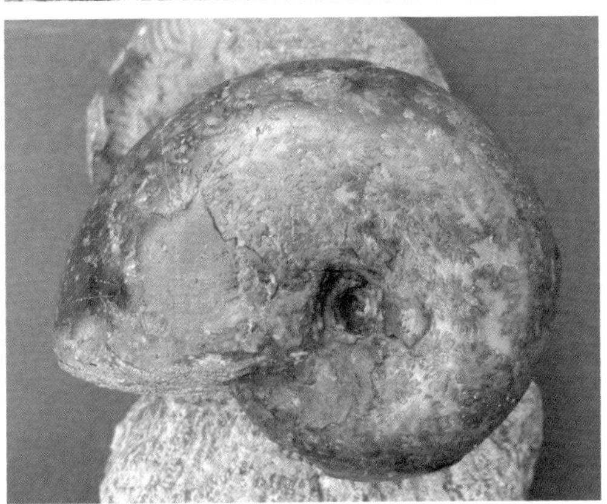

デスモセラス コスマチ

小平蘂川 セノマニアン 40 mm

デスモセラス コスマチの螺環外側、
上のジャポニカムと比べてさらに分厚い。

デスモセラス科 3

パキデスモセラス コスマチ

穂別ヌタップ チューロニアン
120 mm

【下】パキデスモセラス パキディスコイデ?

穂別ヌタップ チューロニアン
150 mm　**気室部のみ。**

パキデスモセラス ミホエンシス

奥左股 コニアシアン 220mm SW

デスモセラス科 4

トラゴデスモセロイデス マツモトイ

小平蘂川 チューロニアン 78 mm

早川浩司著『北海道 化石が語るアンモナイト』にはトラゴデスモセロイデスのサブコスタータスとマツモトイは殻形態では違いが認識できないとある。一方、横井隆幸著『北海道のアンモナイト』にはマツモトイのほうがヘソが広いとあった。

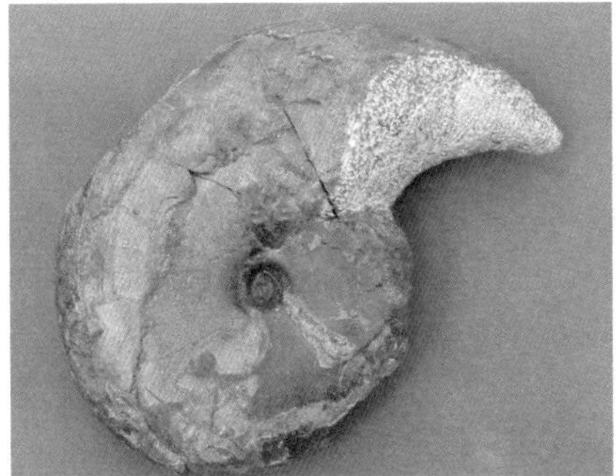

トラゴデスモセロイデスは一見するとダメシテスにそっくりだが、明瞭なキールがないことで区別できる。下はトラゴデスモセロイデスの螺環外周部で、もちろんキールはない。

ダメシテス セミコスタータスの螺環の外側のキール。

ダメシテス セミコスタータス

夕張越沢 コニアシアン 102mm

キールが鋭い。保存が悪く密な細肋が観察できない。

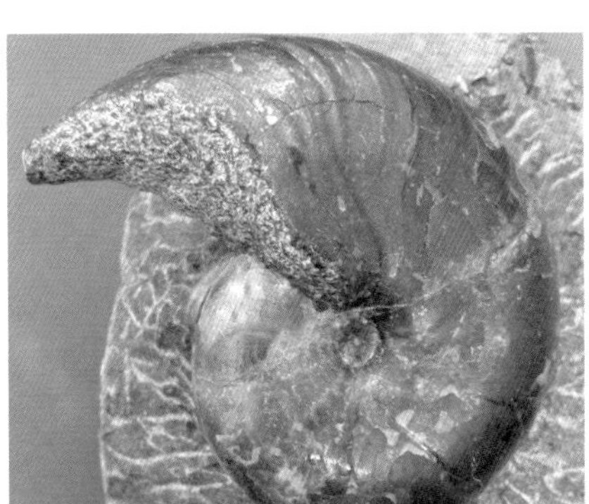

ダメシテス ダメシ

築別 サントニアン

螺環側面が平ら。

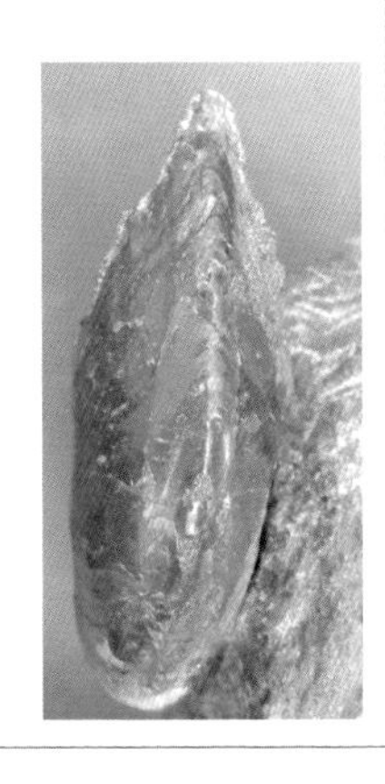

ダメシテス ダメシの
キールとロストラム。

デスモセラス科 5

**ハウエリセラス
アングスタム**

中川佐久
サントニアン〜
カンパニアン
170mm SW

**ハウエリセラス
アングスタム**

中川ワッカウエンベツ
サントニアン〜カンパニアン
82 mm EG

**ハウエリセラス
アングスタム**

穂別富内
サントニアン 90mm

ハウエリセラス アングスタム

中川ワッカウエンベツ
サントニアン 170mm
**ロストラムの
残る珍しい標本。**
OYG

デスモセラス科 6

ハイパープゾシア タモン

奔別 アルビアン 430mm

SW

先行者がまたいだ石を曾和さんがひっくり返すと、タモンの一個体ノジュールだった。50kgはありそうなノジュールを全員で力を合わせて山から下ろした。

シュードハプロセラス

和歌山湯浅 バレミアン 70 mm SW

和歌山湯浅周辺はバレミアン期の地層が分布している。私有地であるところが多く理解のある地権者のご了解を得たうえでの巡検となる。が、なかなか右の標本のようなアンモナイトは採れない。

オスチニセラス オスチニ

小平蘂川 セノマニアン

350 mm SW

【右】オスチニセラスのヘソの狭いタイプ。

SW

デスモセラス科 7

オスチニセラス ニッポニカム

穂別稲里 セノマニアン
260 mm
ヘソの広いタイプのオスチニセラス。

ジンボイセラスは盛り上がった太い主肋が非常に特徴的だ。細肋も太い。松本先生の“A monograph of the Puzosiidae from the cretaceous of Hokkaido”には､「気室部はメソプゾシアにかなり似るが、ヘソ肩部が丸く長肋が螺環側面で分岐するものがある」（＊7）点でメソプゾシアとは特徴が異なるとある。松本先生の並外れた観察力には驚くばかりだ。下の標本もヘソ肩の落ち込みが丸く実物を見ると、メソプゾシアなどとの違いが一目瞭然だ。

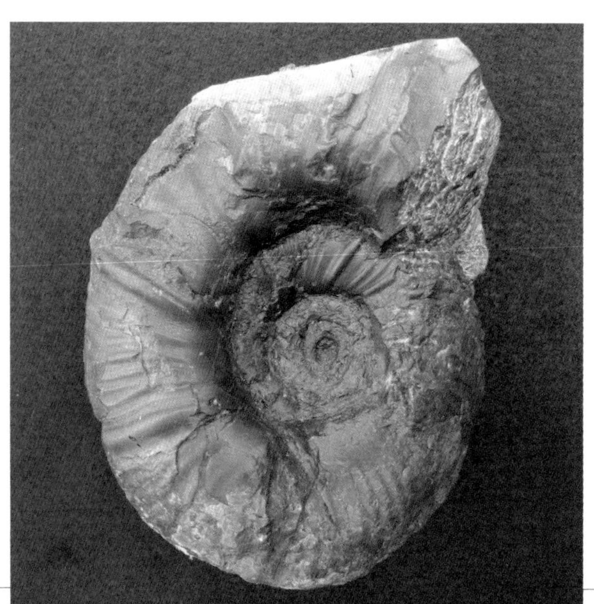

ジンボイセラス プラヌラチホルメ

磯次郎
チューロニアン 93 mm

デスモセラス科 8

メソプゾシア ユウバレンシス

夕張日陰沢 チューロニアン
90mm

メソプゾシア ユウバレンシス

小平砂金沢 チューロニアン
300mm
50㎝以上あったが担げなかったので、川擦れしていた部分を現地で外した。二型のマクロコンクのほうだ。

メソプゾシア ユウバレンシス

穂別ヌタップ チューロニアン 102mm
アポライスと小さな巻貝を伴う。

メソプゾシア パシフィカはユウバレンシスに比べ螺環がすこし分厚く、主肋とくびれが強い。

メソプゾシア パシフィカ

大曲沢川 チューロニアン 73mm

メソプゾシア パシフィカ

大曲沢川 チューロニアン 120 mm

パキディスカス科 1

メヌイテス スツネリ

穂別稲里 サントニアン 290mm

メヌイテス スツネリ

築別 サントニアン 50mm SW

メヌイテス スツネリはアナパキディスカス スツネリと呼ばれていたもので、普段は「アナパキ」と呼び、4本トゲのメヌイテス ジャポニカスなどとは区別している。ユウパキディスカスに比べヘソの突起が、特に幼年殻においては、目立つ。

ユウパキディスカス

マッカシマップ サントニアン 350mm

ユウパキディスカス ランベルチに近い種。

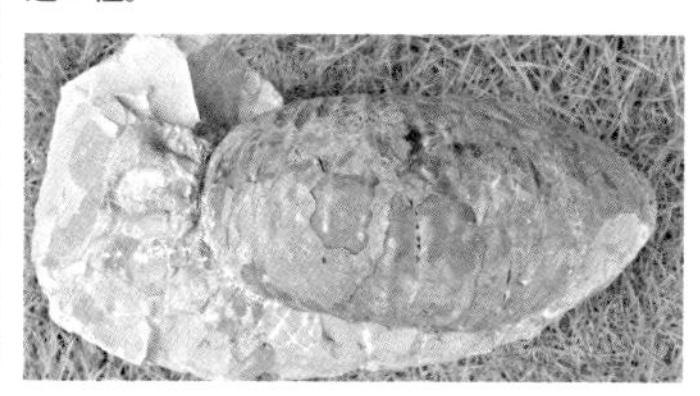

パキディスカス科２

ユウパキディスカス ランベルチ

穂別安住 コニアシアン 120 mm
比較的小さい標本なのでヘソ周辺の突起がしっかり残っていた。

ユウパキディスカス ハラダイはランベルチに比べ肋が太くあらい。螺環の厚みはハラダイのほうが薄いようだが、森伸一著『北海道羽幌地域のアンモナイト』によればハラダイは「サイズが大きくなるにつれて、螺環の幅が広くなる傾向」にあると記述されている。

ユウパキディスカス ランベルチ

ホロモイ サントニアン 73 mm

ユウパキディスカス ハラダイ

幌毛志 サントニアン 185 mm

パキディスカス科 3

ユウパキディスカス ハラダイ
中川佐久 サントニアン
60 mm OYG

ユウパキディスカス 未定種
中川佐久 サントニアン〜カンパニアン
300mm KN

大きいユウパキディスカスだ。同行者がまたいでいった石を小西さんが川の中から引っ張り出した。

このユウパキディスカスのおかげで、ゴードリセラスとユーボストリコセラスの入った密集ノジュールを私が手に入れることになった。

両方を担ぐには重すぎるし、立派なユウパキディスカスを手に入れた小西さんの気前が良くなったからだ。

ユウパキディスカス 未定種
穂別桂木 サントニアン
180mm SW

パキディスカス科 4

パキディスカス ヒダカエンシス
中川ワッカウエンベツ カンパニアン 66 mm EG

パキディスカス ヒダカエンシス
中川佐久 カンパニアン 40 mm

パキディスカス 未定種
大阪府貝塚 マストリヒチアン 150 mm SW

パキディスカス 未定種
大阪府泉佐野 マストリヒチアン 60 mm SW

パキディスカス アワジエンシス
大阪府箱作 マストリヒチアン 140mm SW

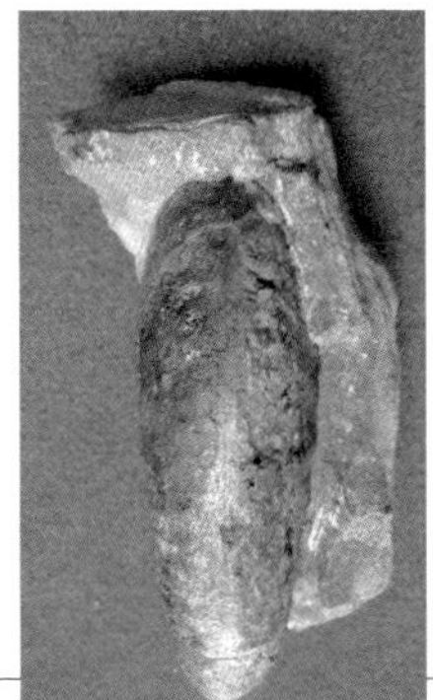

パキディスカス科 5

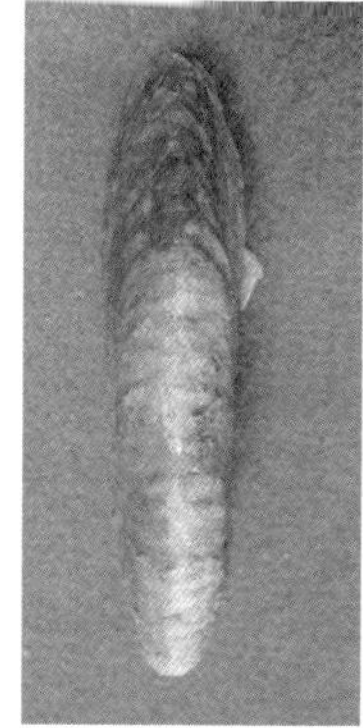

パキディスカス フレキソーサス

大阪府箱作
マストリヒチアン
140mm
SW

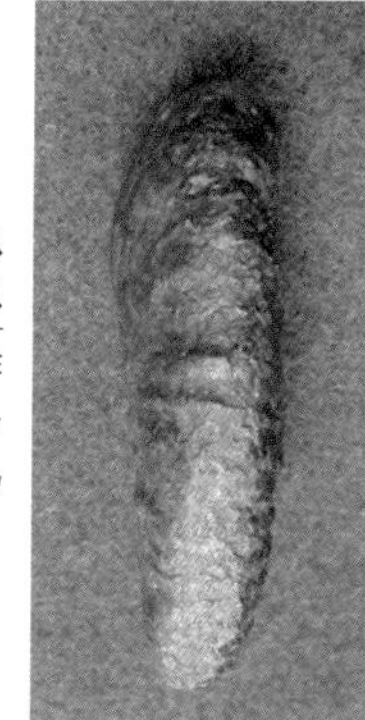

パキディスカス フレキソーサス

大阪府箱作
マストリヒチアン
80mm SW

パキディスカス グラシリス

大阪府貝塚 マストリヒチアン 300mm SW

パキディスカス グラシリス

大阪府貝塚 マストリヒチアン 310mm SW

パキディスカス科 6

メヌイテス ジャポニカス

デト二股 サントニアン 78 mm

メヌイテス ジャポニカス

三毛別川 サントニアン 62 mm

メヌイテス ジャポニカス

中二股川 サントニアン 60 mm SW

メヌイテス プシルス

三毛別川 サントニアン 22 mm

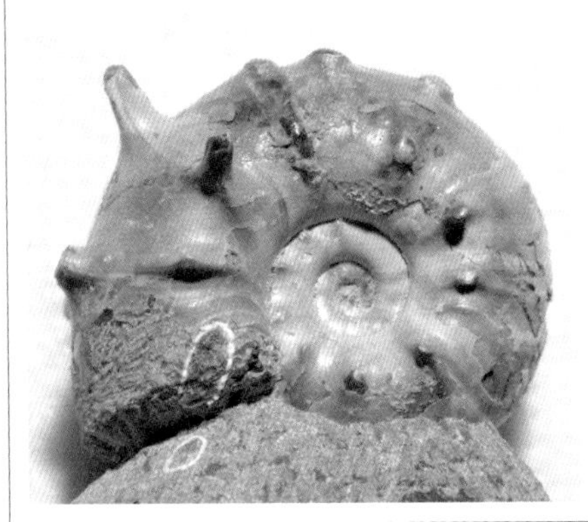

メヌイテス プシルス

羽幌右の沢 サントニアン〜カンパニアン 22 mm KN

パキディスカス科 7

テシオイテス リューガセンシス

中川ワッカウエンベツ カンパニアン
90 mm KN

テシオイテス リューガセンシス（上、下）

中川ワッカウエンベツ カンパニアン
73 mm

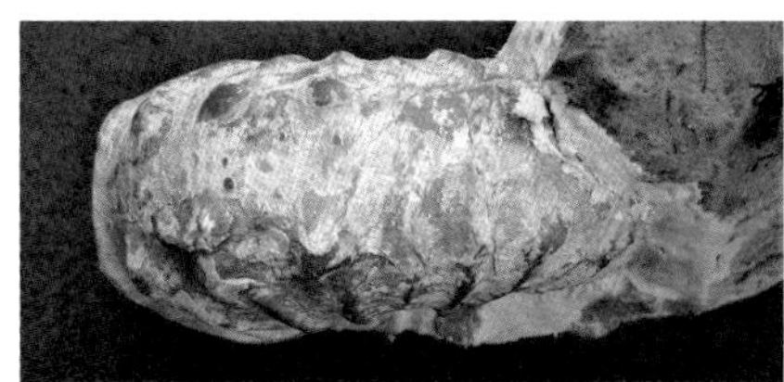

テシオイテス リューガセンシスはテシオエンシスと比べ螺環の厚みが薄く外側が角張っている。また周期的に主肋が現れる。

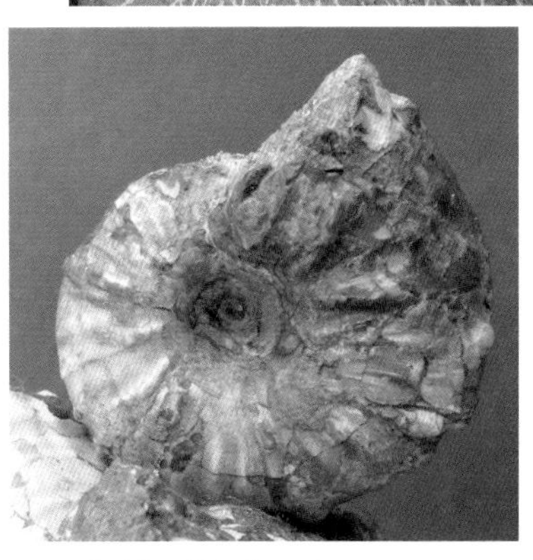

テシオイテス テシオエンシス（上、下）

中川佐久 カンパニアン 33 mm
下は螺環外周部。

テシオイテス リューガセンシス

中川ワッカウエンベツ カンパニアン
90mm EG

テシオイテスは螺環外側の肩に突起があり、ヘソ周りと肩の両方に突起のあるウラカワイテスと見分けがつきやすい。ただ、キャナドセラスと同じくヘソ周辺には「高まり」やその痕跡が見られる。キャナドセラスのトゲ付きがテシオイテス、ユウパキディスカスのトゲ付きがウラカワイテスと理解されている。

パキディスカス科 8

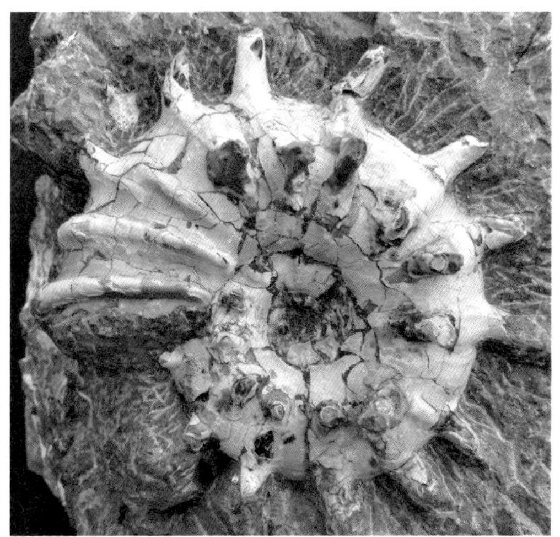

ウラカワイテス ロタリノイデス

中川佐久 カンパニアン 70mm

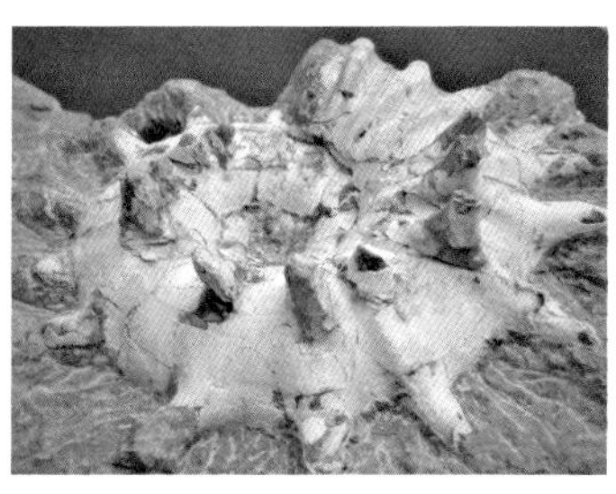

別角度から。

ウラカワイテス ロタリノイデス

中川佐久 カンパニアン 85mm SW

ビノダータスはロタリノイデスと比べ肋、突起ともに弱い。しかし両種とも明らかにヘソ周辺の突起がありテシオイテスと区別できる。

ウラカワイテス ビノダータスの螺環外周部。

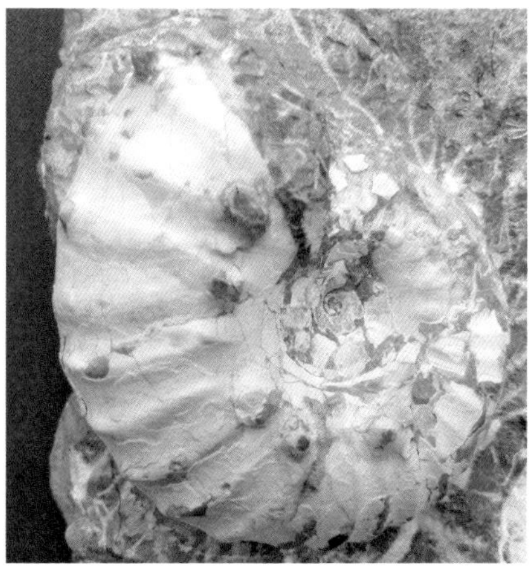

ウラカワイテス ビノダータス

中川佐久 カンパニアン 40 mm

パキディスカス科 9

キャナドセラス ミスティカム

中川ワッカウエンベツ川
カンパニアン 85mm
螺環側面が非常に平らで薄く、くびれも目立つ。

三笠市立博物館ボランティアの会著の『北海道のアンモナイト』によれば、キャナドセラス ミスティカム、キャナドセラス コスマチ、キャナドセラス ミニマムは同一種ではないかとの考えが示されている。確かに未成熟殻では違いがわかりにくい。

キャナドセラス 未定種

和歌山清水 カンパニアン 60 mm SW

キャナドセラス ヨコヤマイ

中川佐久 カンパニアン 73 mm
分岐肋、挿入肋が多く肋も太く強い。

キャナドセラス コスマチ?

占冠名石沢 カンパニアン 36 mm
板状肋がある。

パキディスカス科 10

**パタジオシテス
コンプレッサス**

穂別稲里 マストリヒチアン
155mm
独特のくびれと肋がある。

パタジオシテス 未定種

大阪府箱作 マストリヒチアン 50 mm SW

パタジオシテス アラスケンシス

占冠名石沢 カンパニアン後期 24 mm
ネオフィロセラス ノドサムを伴う。

パタジオシテス コンプレッサス

藤内沢 マストリヒチアン 21 mm

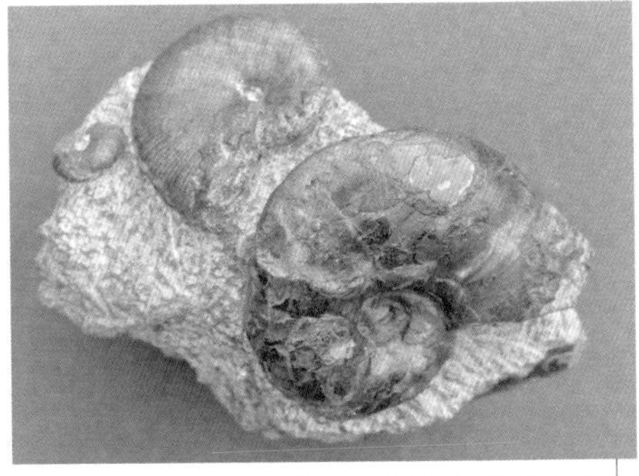

プラセンチセラス科

メタプラセンチセラス サブチリストリアータム

遠別ルベシュベ カンパニアン 63mm

メタプラセンチセラス サブチリストリアータム

遠別清川

カンパニアン 62mm

かろうじて殻口縁が残っているがメタプラセンチセラスは殻が薄く壊れやすい。

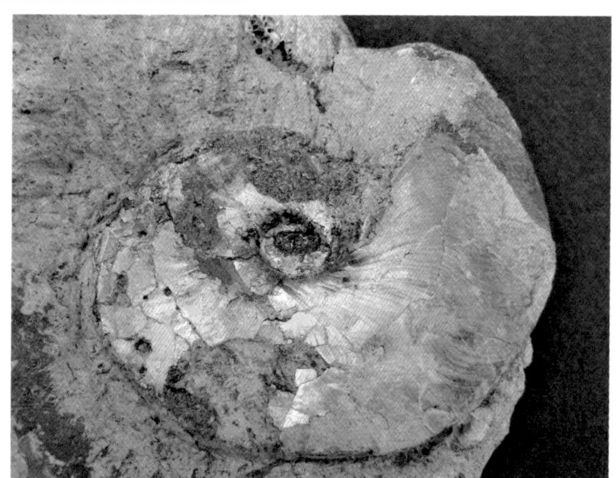

メタプラセンチセラス サブチリストリアータム

香川県塩入

カンパニアン 70mm

SW

コリグノニセラス科 1

コリグノニセラス ブラベジアヌム

三の沢 チューロニアン 44 mm

螺環が薄く鋸歯状キール。

本種はサブプリオノサイクルス ブラベジアヌスと分類されていたが、縫合線がサブプリオノサイクルスより単純であること、また本種の肋がより放射線状に近いということでコリグノニセラス属になった。

またコリグノニセラス属ではキールの「波数」と肋の数は一致するが、プリオノサイクルスのグループではキールの「波数」は肋の数より多い。

コリグノニセラス ブラベジアヌム

穂別ヌタップ チューロニアン 13 mm

サブプリオノサイクルス ミニムス

芦別川 チューロニアン 43 mm

サブプリオノサイクルスには「ノルマリス」という種があったが、リーサイディテスミニムスのシノニムとされ、一旦はリーサイディテス ミニムスに統一された。さらにそのリーサイディテス ミニムスが本種のサブプリオノサイクルス ミニムスにまとめられた（二上政夫、1982　他）。

コリグノニセラス科 2

プリオノサイクロセラス ライティー

左股沢 コニアシアン 55 mm

プリオノサイクロセラス レンティー

奔別 コニアシアン 80mm EG

殻口部に母岩補修あり。

フォレステリア ムラモトイ

奔別 コニアシアン 65mm

SW

螺環外周部下側は母岩にて補修。

ハボロセラス ハボロエンセ

築別 サントニアン 14 mm

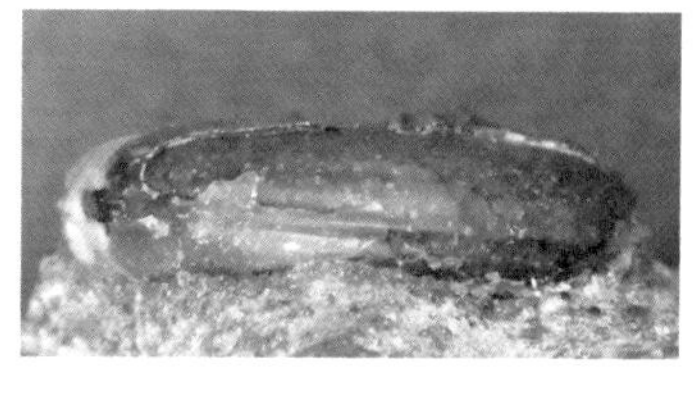

コリグノニセラス科 3

サブモルトニセラス ウーザイ
古丹別川 サントニアン
40 mm
5 突起に分類されるが、螺環側面の突起が弱く平坦。

順に、プロテキサナイテス属（プロテキサナイテス亜属、アナテキサナイテス亜属）、パラテキサナイテス属、テキサナイテス属の順に図版を並べた。名前がよく似ていて混乱しやすく、名前の違いほどの差や意味があるのかと疑問にも思う。しかし、研究者によって非常に細部まで観察されている。分類のキーポイントは「突起数」だ。

例外があるが大雑把にまとめると、3突起、4突起、5突起の順に「プロテキサ」、「パラテキサ」、「テキサ」となり、プロテキサ属には下位分類として「プロテキサ」、「アナテキサ」、「プレウロテキサ」、「ミオテキサ」の亜属がある。またテキサナイテス属の下位分類には「テキサ」、「プレシオテキサ」の亜属がある。4突起のものとして「パラベバヒテス属」というのがあるがパラテキサナイテスの亜属ともされる。上記はすべて1本キールだ。3本キールはすべて「ペロニセラス」のグループにはいるが、残念ながら図版化できる標本が手元にはない。

コリグノニセラス科 4

プロテキサナイテス（アナテキサナイテス）ノーミィ

築別 サントニアン 31 mm
キール横、肩、ヘソ周辺の 3 突起で強肋。

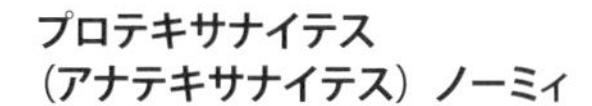

プロテキサナイテス（アナテキサナイテス）ノーミィ

三毛別川 サントニアン 17mm

キール横と肩、ヘソ周辺の 3 突起が明瞭だ。またテキサナイテス亜科の属種はキールが「波打たない」と考えられている。上は波打たないプロテキサナイテス（アナテキサナイテス）ノーミィのキール。

フカザワイのキールは住房部で波打つ。また殻口付近ではキール横のすぐ近くに突起が出現し、4 突起になる。

プロテキサナイテス（アナテキサナイテス）フカザワイ

古丹別上の沢 サントニアン 24 mm
挿入肋がなく、側面がふくらんでいる。

コリグノニセラス科 5

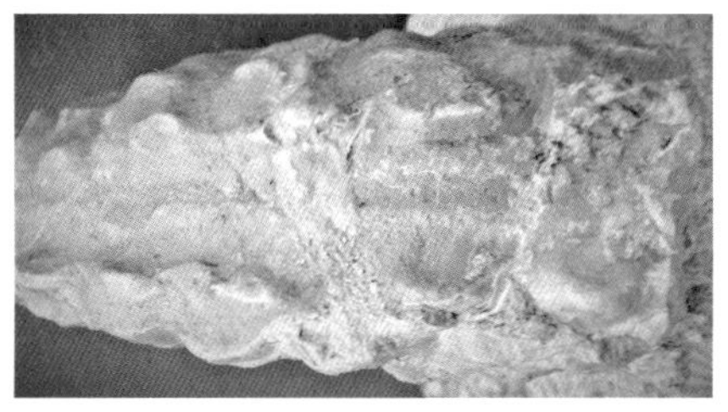

プロテキサナイテス（アナテキサナイテス）フカザワイ

三毛別川 サントニアン 75 mm

プロテキサナイテス（アナテキサナイテス）フカザワイ

三毛別川 サントニアン 40 mm

EG

プロテキサナイテス（プロテキサナイテス）ボンタンティー

古丹別川 サントニアン 30 mm

ボンタンティーの螺環外周部。

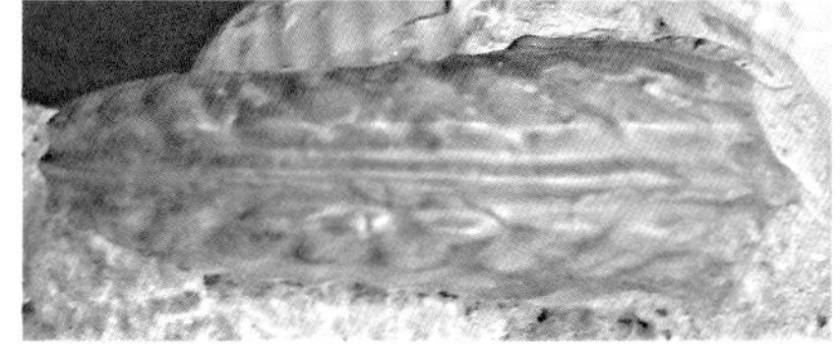

ボンタンティーには分岐、挿入肋が多い。挿入肋の肩口にも突起があるので肩突起（VL）：ヘソ突起（U）＝1.5～2 : 1となる。

コリグノニセラス科 6

プロテキサナイテス 未定種

和歌山有田
サントニアン 70 mm
SW

パラテキサナイテス コンプレッサス

穂別マッカシマップ サントニアン 63mm
キール横、肩（VL）、側面中央、ヘソ周辺に４突起があり、肩、側面中央、ヘソ周辺の３突起がほぼ等間隔に並ぶ（右画像の殻口あたり）。また、コンプレッサスの側面は非常に平坦な感じが強い。

テキサナイテス（プレシオテキサナイテス）サヌシベエンシス

穂別安住 サントニアン 50 mm
キール横、肩に２つ、側面、ヘソ周辺の５突起で、側面とヘソ周辺の突起は肋方向、他の３突起はキール方向を向く。突起と肋は非常に強く螺環は分厚い。

コリグノニセラス科 7

カワサキイの 5 突起が見える。

**テキサナイテス
(プレシオテキサナイテス)
カワサキイ**

三毛別川
サントニアン 125 mm
EG

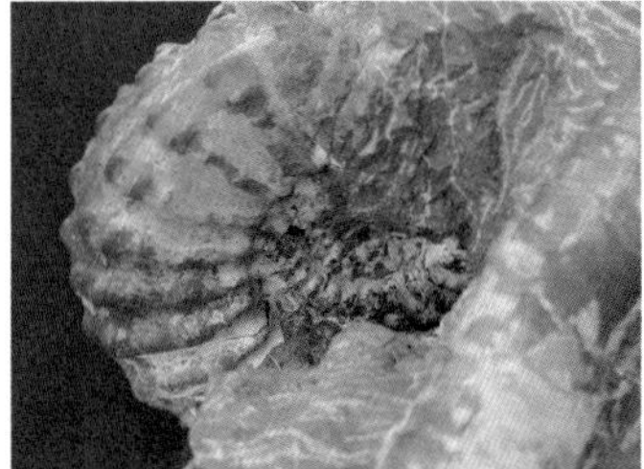

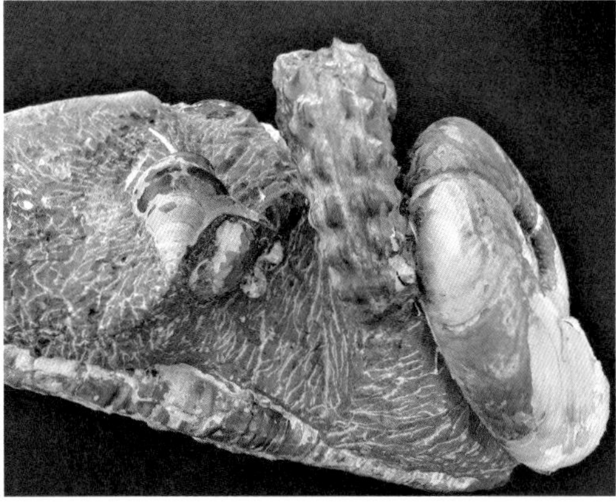

【左上、左中、上】
テキサナイテス（プレシオテキサナイテス）カワサキイ

中二股 サントニアン 65mm

前後をネオプゾシアとアポライスに挟まれ見づらい画像になってしまった。カワサキイの特徴である 5 突起、直肋、強肋、強突起がわかる。

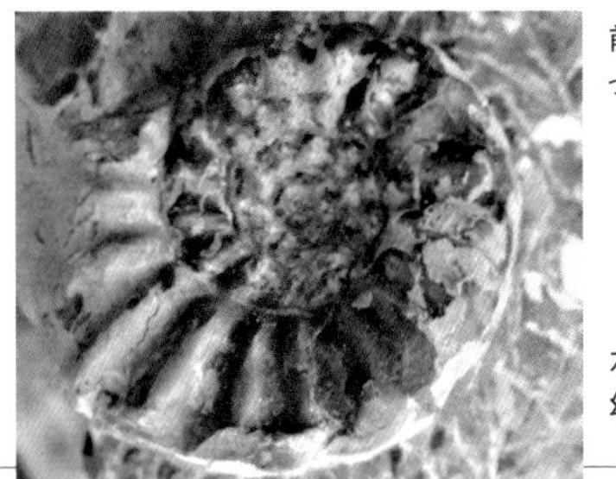

カワサキイの幼年殻? 24mm 。
幼年殻は 3 突起とされる。

コリグノニセラス科 8

メナビテス マゼノティ

羽幌アイヌ沢
サントニアン 62 mm
OYG

キール横の突起列数が他の突起列数の2倍ある。上の標本をご覧いただくとよくおわかりになると思う。メナビテスは、5突起という人や3突起という人がおられるが、この標本からは3突起のように見える。

下は和歌山有田川町の標本。産出地が私有地なので、立ち入るには地権者の了解を得る必要がある。私有地が絡む場合は詳細な産出地をお伝えできないことが多い。

メナビテス 未定種

和歌山有田川町
カンパニアン 220mm
KN

大きな標本だ。やはり突起列は「5」のようにも見える。
若年殻では3突起、成年殻は5突起との解説を信頼すべきだと思う。

アカントセラス科 1

マンテリセラス 未定種

三笠覆道崖 セノマニアン
120 mm SW

シューパロセラス ヤギイ

大夕張鹿島の沢 チューロニアン
95mm
9 突起、特に住房での肋、突起が弱い。

ローマニセラス 未定種

穂別ヌタップ チューロニアン
73 mm EG

アカントセラス科 2

ローマニセラス デベリオイデ

大曲沢川 チューロニアン 100 mm

９突起で螺環は丸く、肩がなだらか。川擦れした標本で螺環外側が観察できない。

ユーバリセラス ジャポニカムの螺環外側。

ユーバリセラス ジャポニカム

穂別稲里 チューロニアン 210 mm

ユーバリセラス ジャポニカムはユーバリセラス ユーバレンゼに比べ螺環がやや丸みを帯びる。突起数は 11。肋、突起ともシューパロセラスやローマニセラスに比べ強い。

アカントセラス科 3

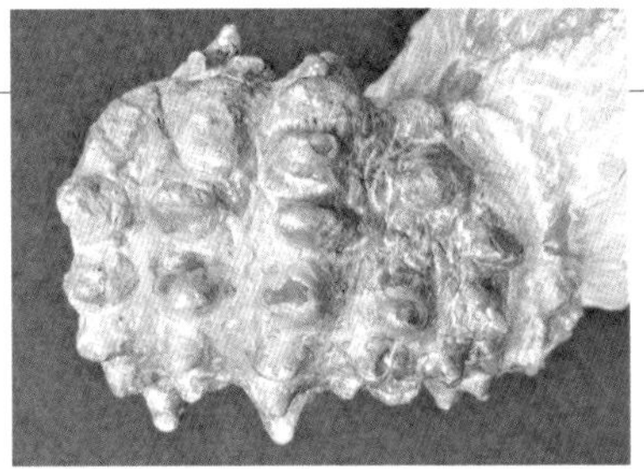

ユーバリセラス

三の沢 チューロニアン 70mm

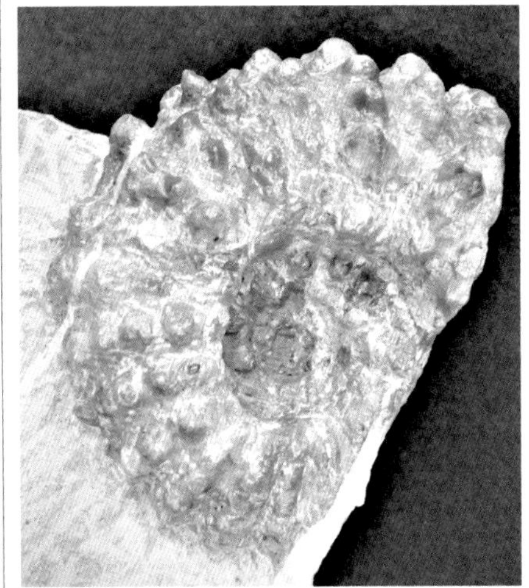

ユーバリセラス

三の沢 チューロニアン 36 mm

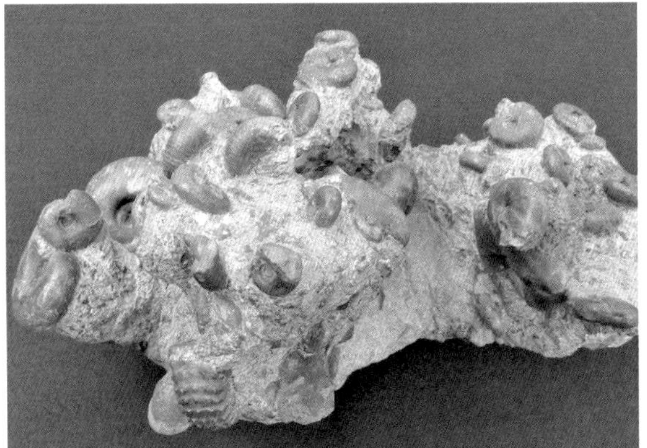

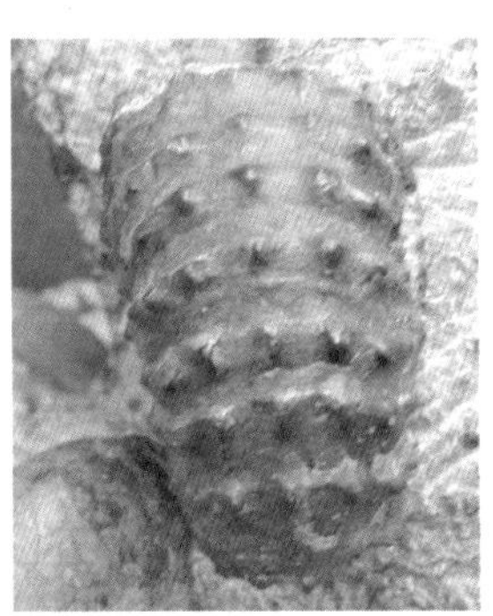

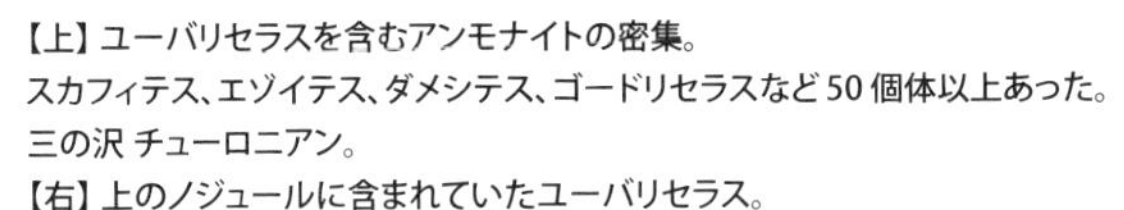

【上】ユーバリセラスを含むアンモナイトの密集。
スカフィテス、エゾイテス、ダメシテス、ゴードリセラスなど50個体以上あった。
三の沢 チューロニアン。
【右】上のノジュールに含まれていたユーバリセラス。

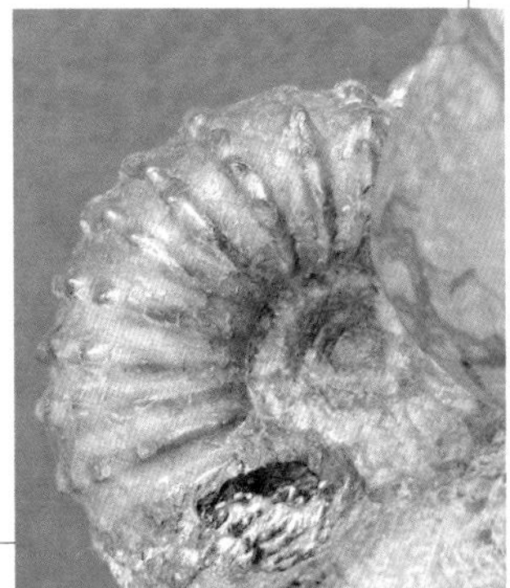

渦巻きタイプその他の科 1

バスコセラス科

ファゲシア スーパーステイス

小平蘂川 チューロニアン 30 ～ 35 mm

ユーヒストリコセラス科

ユーヒストリコセラスの一種

穂別稲里 セノマニアン 15 mm

フォルベシセラス科

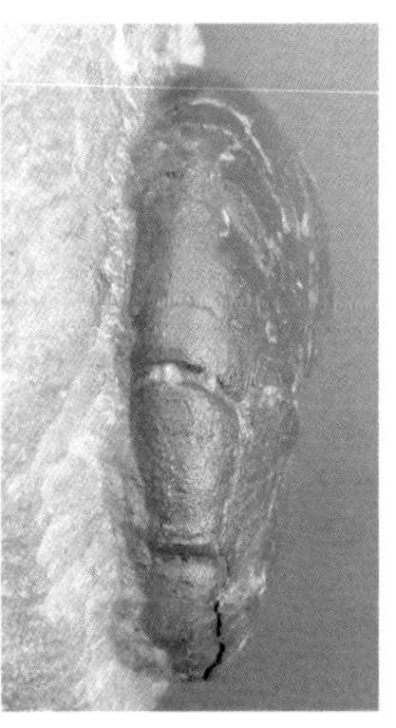

フォルベシセラス ミカサエンセ

桂沢覆道崖
セノマニアン
45 mm

渦巻きタイプその他の科 2

リエリセラス科

ストリッチカイア（シュマリナイア）アジアティカ

スリバチ沢 セノマニアン
16 mm
ヘソ周辺にわずかな高まりと外側の肩に明瞭な突起がある。

奔別のアルビアン期の層準で、4人が半日頑張った。全員で採れたアンモナイトは下のリエリセラスと半分のデスモセラスだけだった。帰りの林道でヒグマに吠えられたことだけが記憶に残った。

リエリセラス リエリ

奔別 アルビアン 30 mm SW

非常に状態の良い標本。
7突起。リエリセラス リエリの螺環外周部。 SW

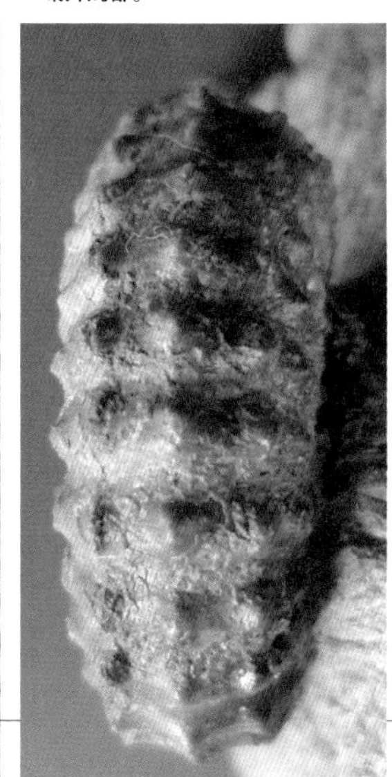

ツリリテス科 1

ツリリテス コンプレクサス

上一の沢 セノマニアン 35 mm

ツリリテス コスタータス?

穂別稲里 セノマニアン 25 mm

科・グループ別の同定ポイントの項に記したように、ツリリテスのコンプレクサスとコスタータスについては資料不足のためや標本の状態が良くないため、残念ながら「コスタータスかな？」という同定しかできなかった。

ネオストリンゴセラスなども資料によってはかなり異なる外見のものが同種とされており今後の課題としたい。

ツリリテス コスタータス?

穂別稲里 セノマニアン 26 mm

ネオストリンゴセラス の一種

側面中央の明瞭な突起と下部の突起からカルキタネンセ?と思われる。

穂別稲里 セノマニアン 25 mm

ネオストリンゴセラス アジアティカム?

穂別稲里 セノマニアン 14 mm

螺環最終部の画像下側に突起がある。

ツリリテス科 2

ハイポツリリテスの一種

穂別稲里 セノマニアン 62mm

上下とも同一母岩より産出。側面の突起がトゲ状に発達し、ハイポツリリテスコモタイに似ているが、より細長い円錐形をなしている。コモタイとは別種と思われる。

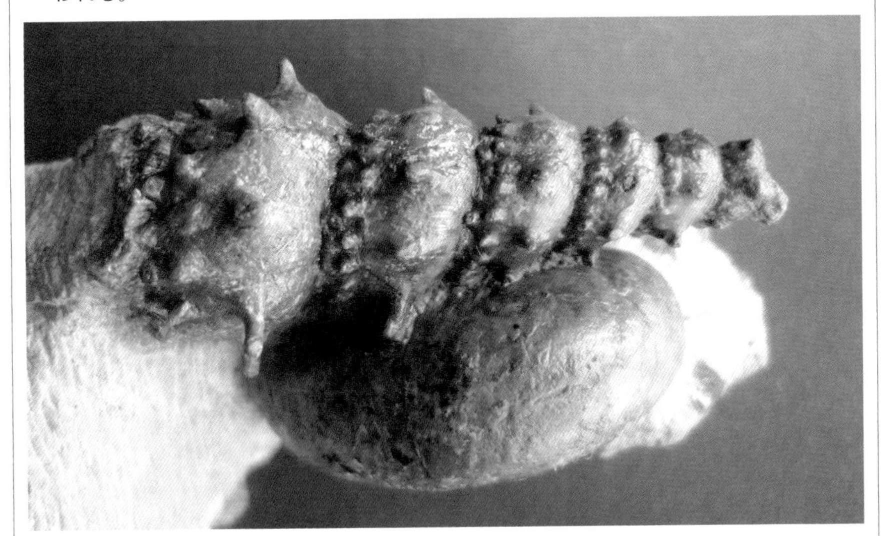

ハイポツリリテスの一種

穂別稲里 セノマニアン 50 mm SW

螺環下側の突起も見事にクリーニングされている。下のアンモナイトはデスモセラス。

ツリリテス科 3

マリエラ パシフィカ

スリバチ沢 セノマニアン 110mm SW

スリバチ沢でのマリエラの産出ポイントもかなりのピンポイントだ。先行者も大変多く50%以上の確率で収獲なしになる。ノジュールを割っていくと突起のほんの一部だけが顔をのぞかせるので慎重に割り進めないと見落としてしまう。注意力が必要だ。

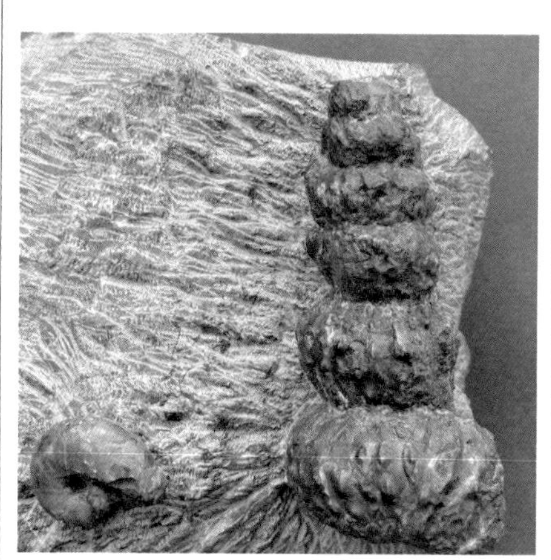

マリエラ パシフィカ

スリバチ沢 セノマニアン 53mm

マリエラ パシフィカ

スリバチ沢 セノマニアン 15 ～ 30 mm

大きなノジュールの芯の部分にマリエラが密集して出てきた。

マリエラは密集して産出することが大変多いので、それらしき痕跡を見つければそれ以上割らずに持ち帰ろう。

ツリリテス科 4

マリエラ パシフィカ

スリバチ沢
セノマニアン 80mm
SW

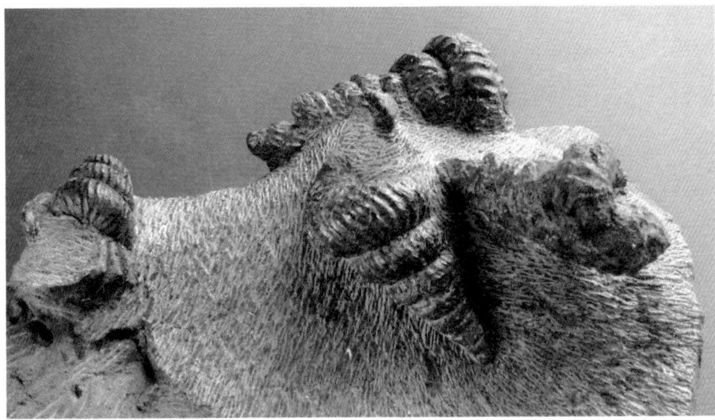

マリエラ 未定種

徳島上勝 アルビアン
各 40 mm程度
SW

ツリリトイデス?

中川佐久 サントニアン～カンパニアン 63mm
KN

ツリリトイデスと断定し得ないのはアイノセラスの産出ゾーンのカンパニアンエリアで採れたこともある。アイノセラスの塔の部分に対し左標本は螺環高が大きく肋の形状も全く異なるので、アイノセラスではない。

北海道でのカンパニアン期のツリリトイデス産出記録があれば左の標本も「ツリリトイデス」確定といえる。

ノストセラス科 1

ニッポニテス ミラビリス

中二股 チューロニアン 50 mm

中二股へ師匠の堀田さんに同行した。「そこにノジュールが落ちているよ」と教えていただいて見つけたニッポニテス（上）。

ニッポニテス サハリネンシス

奥左股 コニアシアン 45 mm

ニッポニテス初期殻のスカラリ巻きがよく保存されている。

コニアシアンの奥左股で見つけたノジュール。石が固くユーボストリコセラスと思い10年以上も放置していた。よく洗って見てみるとニッポニテス独特のターンが見えた。一気に20時間ほどでクリーニングをした。

ノストセラス科 2

ニッポニテス サハリネンシス

芦別川 コニアシアン 52mm
住房部の一部が皮だけだったので微粉で補強してある。

ニッポニテスの一種

上記念別 チューロニアン 85mm
住房部はユーボストリコセラスのような巻きになっている。右側のスカラリテス巻きは初期殻なのか、別個体なのかは、はっきりしない。

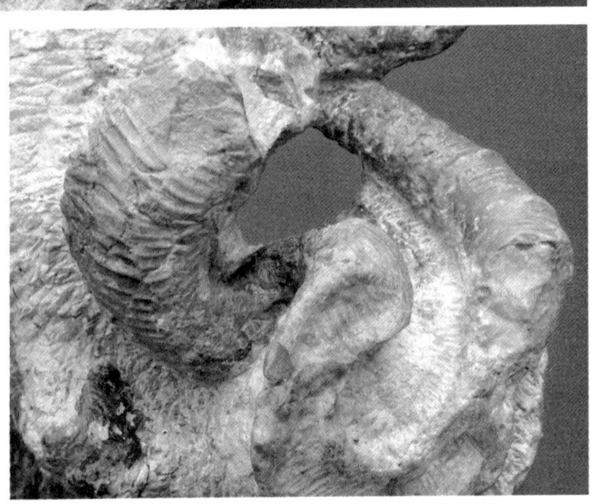

ニッポニテスには今までの理解だけではあてはめることのできない形状をしたものがあるようだ。重田康成著『アンモナイト学』にはユーボストリコセラス由来のニッポニテスの進化について述べられている。

その一方、最近ではスカラリテス由来のニッポニテスの系統もあるのではないかとも考えられ始めた。ニッポニテスの初期殻がスカラリテス巻きをしていることは広く知られているがそれ以上にスカラリテスから進化してきたのではないかと思える形状のものがあるようだ。

ノストセラス科 3

スカフィテスなどと共に産出した
リュウエラ リュウ。

リュウエラ リュウ

大曲沢川 チューロニアン〜コニアシアン
母岩長 180mm
リュウエラ リュウは 60 mm
初期殻の巻き込みが見える標本。

大曲沢川枝沢の滝つぼのようになっているところに落ちていた。初期殻から、ほぼ殻口縁までそろっている。後日「二匹目のドジョウ」を狙って再度訪問したした結果が、下の曾和さんのリュウエラ リュウの成果となった。

トゲの状態がわかる角度からの画像。
SW

リュウエラ リュウ

大曲沢川 チューロニアン〜コニアシアン
70 mm SW

ノストセラス科 4

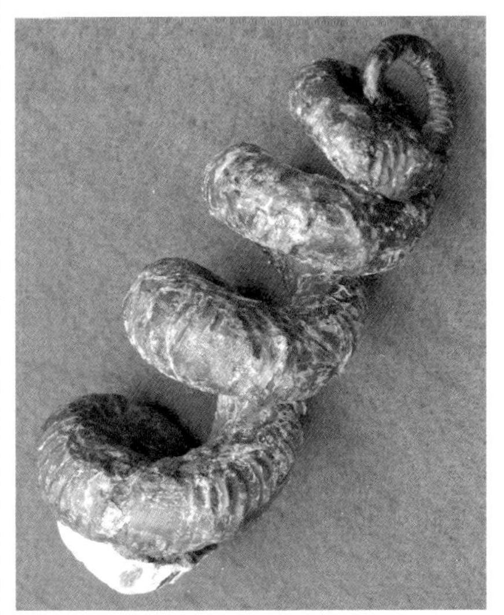

ユーボストリコセラス ジャポニカム

上巻沢 チューロニアン

112 mm EG

【右、右下、下】

ユーボストリコセラス ジャポニカム

大巻沢 チューロニアン 母岩長 185mm

ノストセラス科 5

ユーボストリコセラス ジャポニカム

磯次郎 チューロニアン
135mm

伸びきったバネ状の ユーボストリコセラス

三の沢 チューロニアン
105mm

上のユーボストリコセラスは巻きの直径が大きく一巻きごとの巻き直径の変化が少ない。逆に下のユーボストリコセラスは巻きの直径が小さく一巻きごとの巻き直径の変化が大きい。後者のほうが「やや古い地層から産出する」と記述されている（＊1)。

ユーボストリコセラス ジャポニカム

三の沢
チューロニアン
母岩長 140 mm

ノストセラス科 6

ユーボストリコセラス ムラモトイ

上巻沢 チューロニアン 45 mm

手前に見える棒状アンモナイトはムラモトセラスのようだ。My8 ゾーン産出。

ユーボストリコセラス ムラモトイ

上記念 チューロニアン 35 mm

上の標本は北海道の友人、相原さんからいただいたもの。

ユーボストリコセラス マツモトイの一種

上記念 コニアシアン 35㎜

塔頂部の巻きが緩くマツモトイの特徴を示すが塔頂部がニッポニテスのようにうねっている。なお、画像の左下に見えるのはライオプチコセラスの一部。

上の標本は北海道の友人、相原さんからいただいたもの。

ユーボストリコセラス マツモトイ

新登川 コニアシアン 33mm

塔頂部のみならず全体的に巻きがムラモトイに比べ緩い。

ノストセラス科 7

ユーボストリコセラス インドパシフィカム

芦別川 コニアシアン

45 mm

一巻き一巻きの螺環の厚みがあり画像上側の塔頂部に向かっても螺環の直径があまり変わらない。残念ながら塔頂部の二巻き目から三巻き目がない。

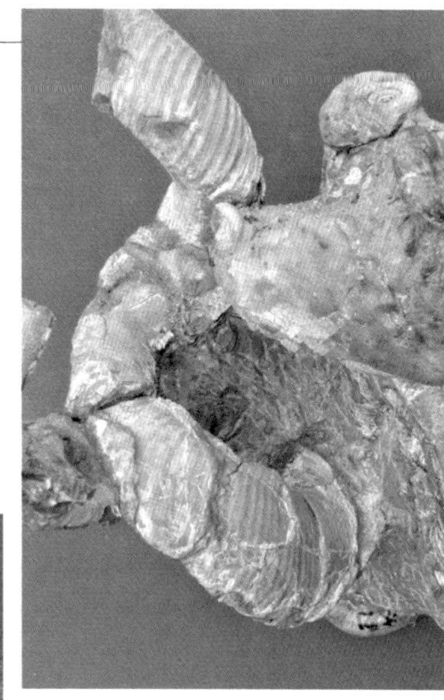

サントニアンのユーボストリコセラス

穂別マッカシマップ サントニアン

135mm

裏側には初期殻らしき断片がついている。マッカシマップの中流域でサントニアンに多いゴードリセラス テヌイリラータムやポリプチコセラスを共に得た。

ユーボストリコセラス 未定種

和歌山有田川 カンパニアン 40 mm SW

ユーボストリコセラス 未定種

和歌山有田川 カンパニアン 30 mm SW

和泉層群周辺のカンパニアン期で産出される「ボストリコセラス」には住房部のフックに突起のついているものがあり、ユーボストリコセラスと区別して呼ばれていた。しかし松本先生の論文以降、両者をユーボストリコセラスとする流れもあり見解が分かれる。

ボストリコセラス 未定種

和歌山有田川 カンパニアン 65mm

EG

ノストセラス科 8

ムラモトセラス エゾエンセ

上巻沢 チューロニアン 50 mm

ムラモトセラス エゾエンセ

上巻沢 チューロニアン 45 mm

エゾエンセが 3 個体とエゾエンセ?の初期殻らしきものが 2 個体、スキポノセラス、巻貝を共に得た。

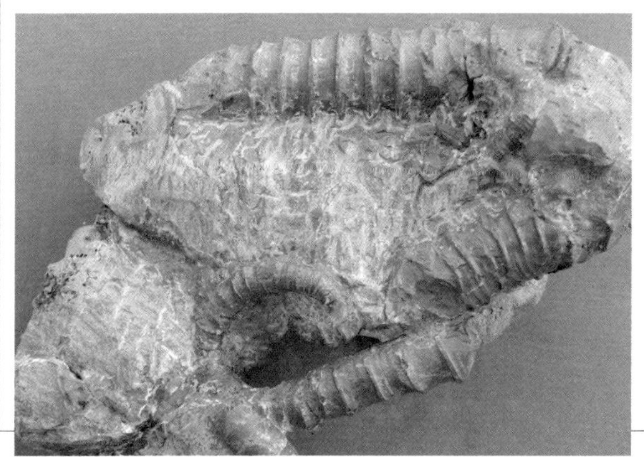

ムラモトセラスの一種

磯次郎 チューロニアン 母岩長 110 mm

釣り針状になっているのでムラモトセラス ラクサムと思われる。巻き初めの、ひもを結んだような部分がない。

ノストセラス科 9

ムラモトセラス エゾエンセと ムラモトセラスの一種

大巻沢 チューロニアン
母岩長 115 mm
棒状のアンモナイトは スキポノセラス。

別角度からの画像。

ムラモトセラス エゾエンセ

大夕張 チューロニアン 40 mm SW

ノストセラス科 10

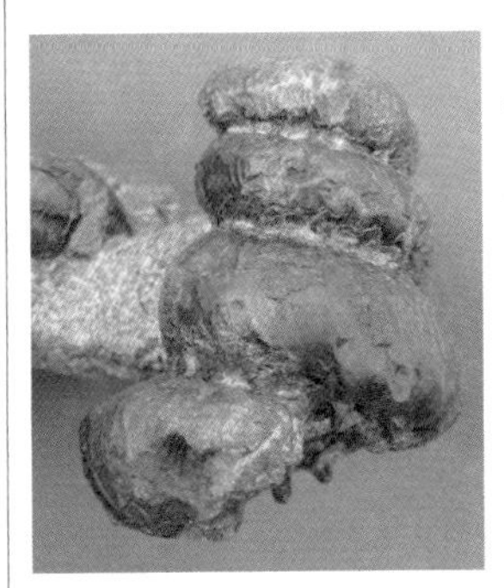

エゾセラス ノドサム
奥左股 コニアシアン
48 mm

エゾセラス ノドサム
左股 コニアシアン 77mm
螺環下側のトゲが特徴的。

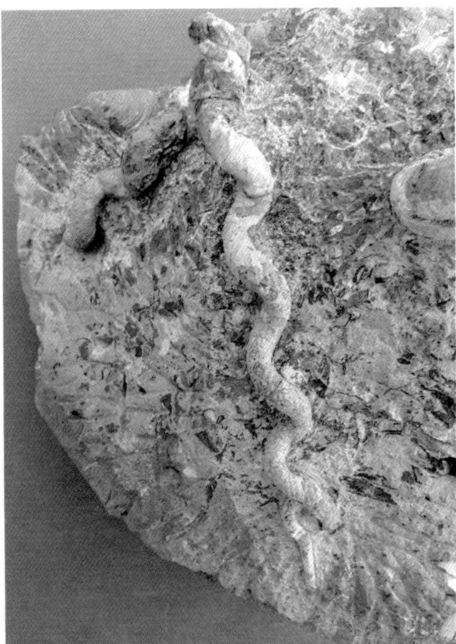

ハイファントセラス オリエンターレ
三毛別川 サントニアン 76 mm
珍しく初期殻がついていた。

ハイファントセラス トランジトリウム
穂別首長竜の沢 サントニアン 44 mm
トゲのあることと急な円錐形が特徴。
ユーボストリコセラスと区別しやすい。

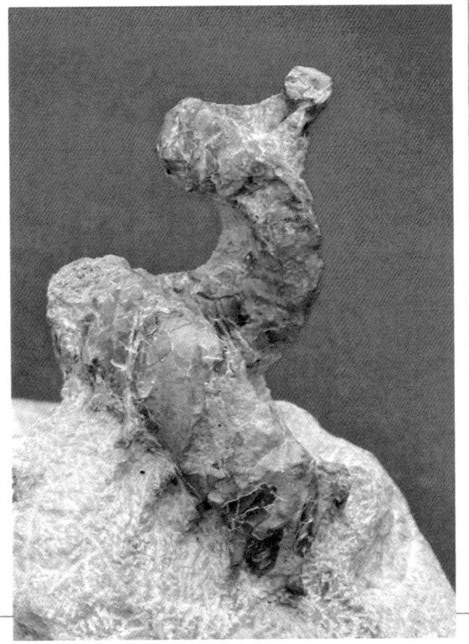

ハイファントセラス オリエンターレの初期殻
上の沢 サントニアン 43 mm

ノストセラス科 11

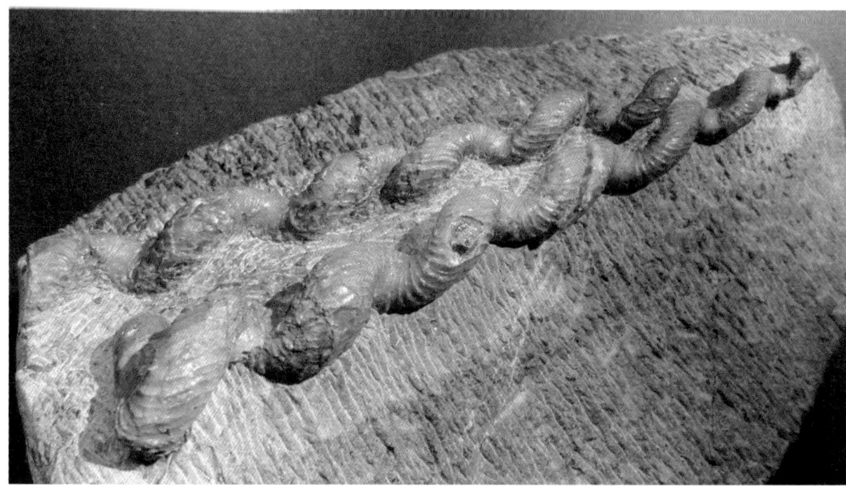

ハイファントセラス オリエンターレ

古丹別上の沢
サントニアン
105mm SW

ハイファントセラス オリエンターレ

古丹別上の沢
サントニアン
92 ～ 110 mm
EG

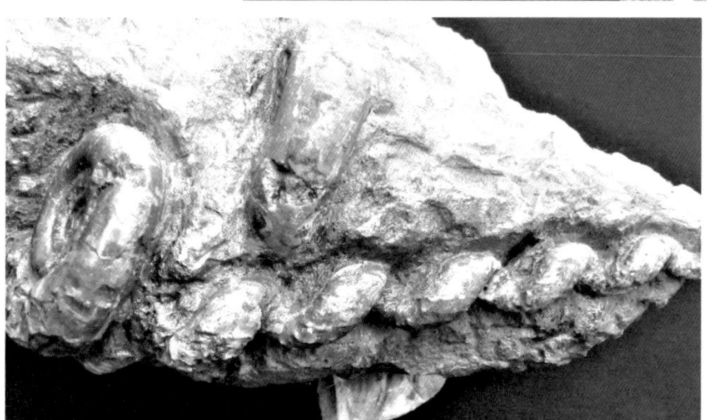

上のノジュールの裏側にもついている。

ノストセラス科 12

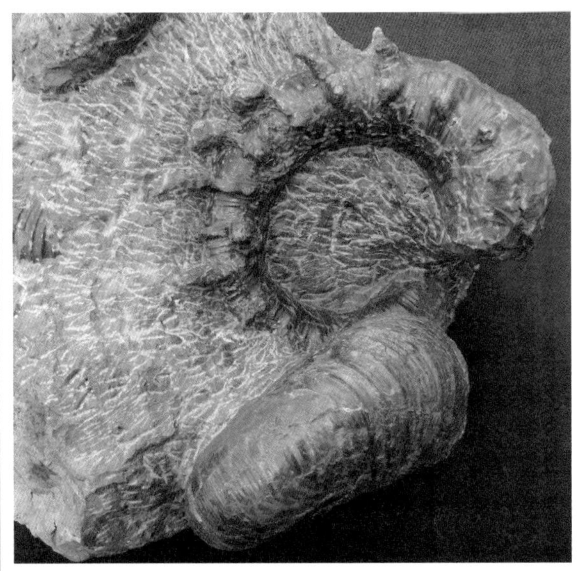

ハイファントセラスの一種

隙間のある搭状巻きから考えて、ヘテロモルファムと思われる。
左股の沢 コニアシアン
最大径 90mm

ゴードリセラス デンセプリカータムにガードされておりゴードリセラスを壊すわけにもいかずクリーニングを途中で止めた。

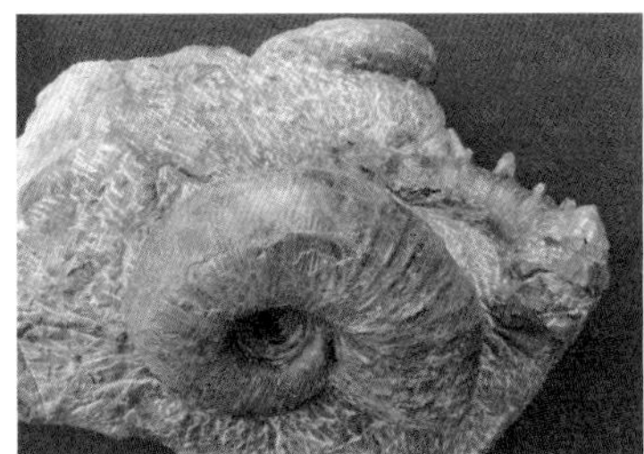

ゴードリセラスが見える角度からの画像。

ハイファントセラス レウシアヌム

デト二股 サントニアン 130 mm

レウシアヌムの塔頂部が見える角度からの画像。初期殻が残っている。

ノストセラス科 13

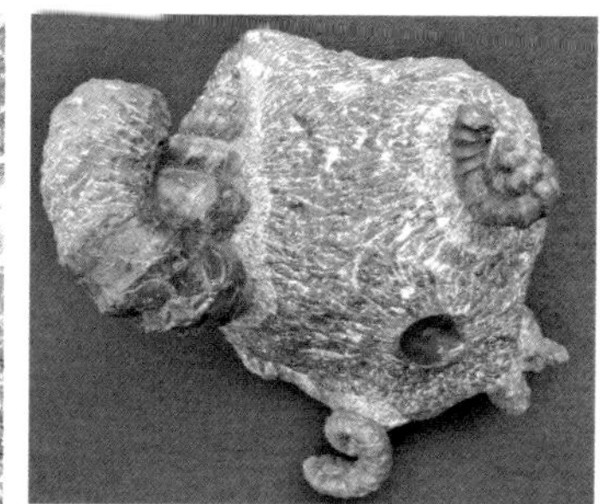

アイノセラス パウシコスタータム

上貫気別 カンパニアン 90mm
母岩長 280mm

アイノセラス パウシコスタータム

上貫気別 カンパニアン 52 mm
塔頂部が巻きの中に入り込んでいる。

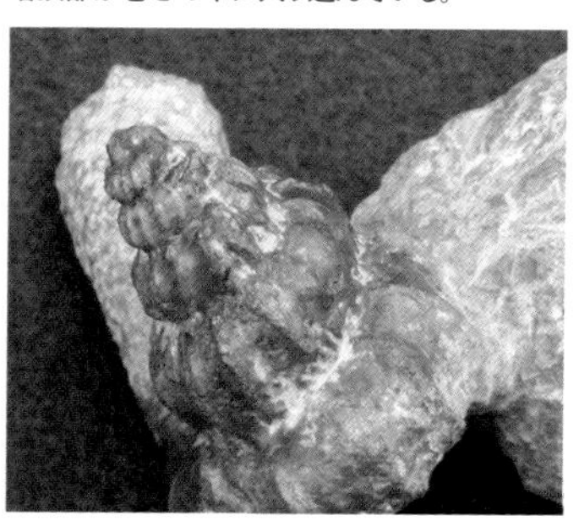

【左上、左（一部拡大）】
アイノセラス カムイ

上貫気別 カンパニアン
45 ～ 50 mm
EG

ノストセラス科 14

アイノセラス カムイ
中川佐久 カンパニアン 75mm
SW

アイノセラス カムイ
和歌山清水 カンパニアン
40 mm SW

アイノセラス カムイ
和歌山清水 カンパニアン
41 mm SW

ノストセラス科 15

**ディディモセラス
アワジエンセ**

淡路島南あわじ市
カンパニアン
150 mm
KN

**プラビトセラス
シグモイダーレ**

淡路島南あわじ市
カンパニアン
255 mm KN

ノストセラス科 16

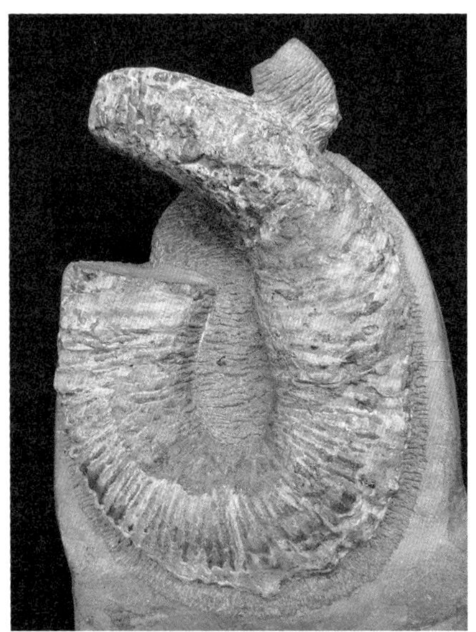

ノストセラス ヘトナイエンセ

穂別大曲 マストリヒチアン 120 mm

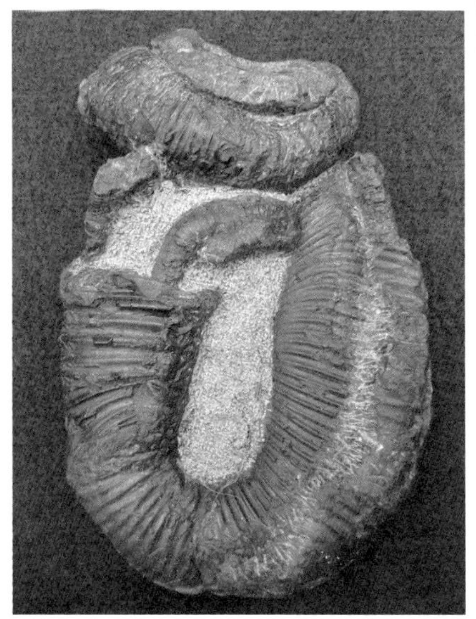

ノストセラス ヘトナイエンセ

淡路島洲本市 マストリヒチアン
110 mm

京都の池田さんからいただいた。

ノストセラス ヘトナイエンセ

淡路島洲本市 マストリヒチアン
98mm KN

実体顕微鏡による精密クリーニングの標本。

ディプロモセラス科 1

スカラリテス スカラリス

小平蘂川
チューロニアン
170mm
SW

スカラリテス スカラリス

芦別川 チューロニアン〜コニアシアン 45 mm

スカラリテス スカラリス?

小平蘂川 チューロニアン 44 mm

小平蘂川のチューロニアンのエリアで採取したが、特に初期殻あたりがミホエンシスのように見える。

ディプロモセラス科 2

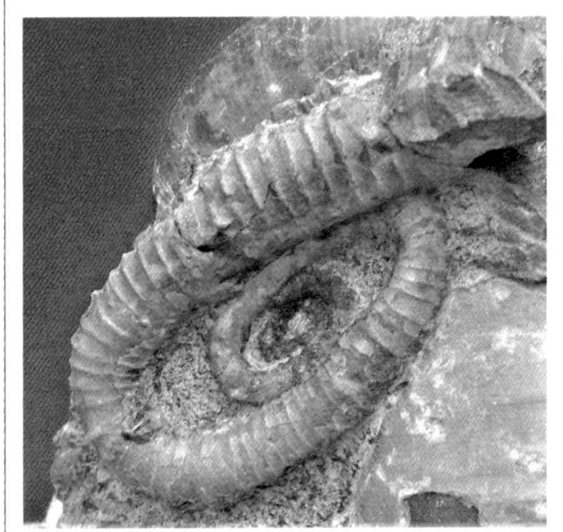

スカラリテス ミホエンシス

中川ワッカウエンベツ コニアシアン
35mm

スカラリテス ミホエンシス

中川ワッカウエンベツ コニアシアン
47mm KN

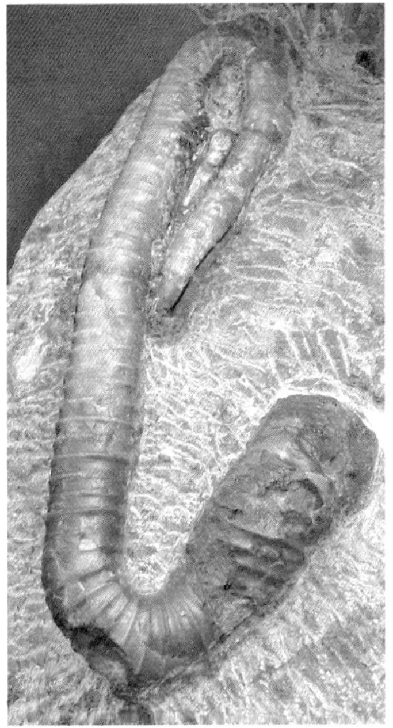

ライオプチコセラス

上記念 コニアシアン 43 mm

初期殻から2ターン目で巻き平面を90度回転させ3ターン目、4ターン目を形成し4ターン目から殻口に向けて再度90度巻き平面を回転させる。そのため殻口縁が盛り上がったように見える。

ライオプチコセラス ミカサエンセ

奔別 コニアシアン 26 mm
KN

ディプロモセラス科 3

ネオクリオセラス スピニゲルム

中川ワッカウエンベツ
サントニアン〜カンパニアン
52mm
ネオクリオセラスが見えているノジュールを中川の遠藤さんからいただいた。

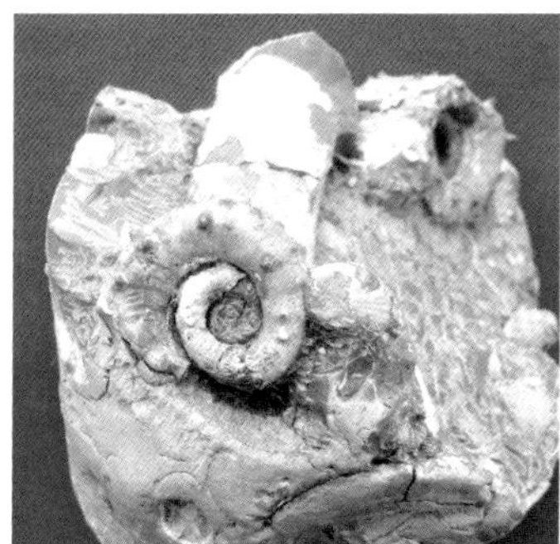

ネオクリオセラス スピニゲルム

ワッカウエンベツ化石沢 サントニアン〜カンパニアン 65mm、57mm

ネオクリオセラス ベヌスタム

築別川
サントニアン〜カンパニアン
51 mm EG

ディプロモセラス科 4

ポリプチコセラス オブストリクタム

小平蘂川 天狗橋 コニアシアン 100 mm
細肋が密にあるのが特徴的。

ポリプチコセラス ジンボイ

穂別マッカシマップ サントニアン 140 mm
大型種で壊れていなければ優に30cmは超える。
住房部の肋間は広い。

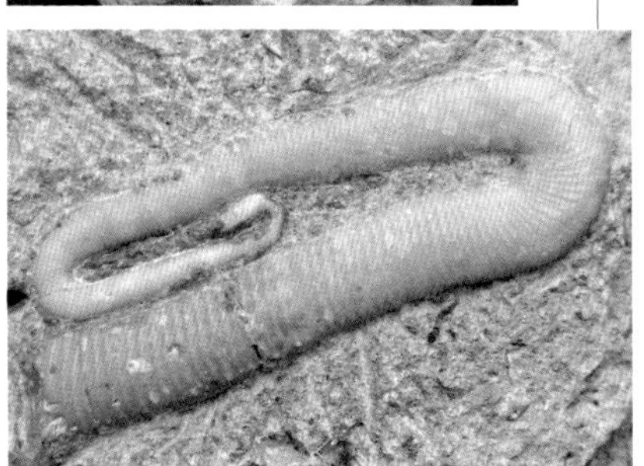

ポリプチコセラス シュードゴルティヌム

デト二股 38mm
幼年殻で細肋が密。

ポリプチコセラス シュードゴルティヌム

オンコの沢 サントニアン
80mm、60mm
サメの歯がついている。ポリプチコセラスは二つとも3ターンあり大きくはないが保存の良い標本。

ディプロモセラス科 5

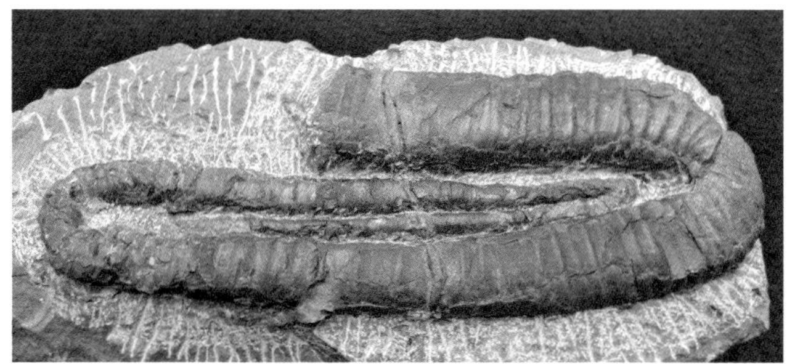

ポリプチコセラス シュードゴルティヌム

占冠ニニップ
カンパニアン
130 mm

ポリプチコセラス シュードゴルティヌム

オンコの沢
サントニアン
65mm SW

ポリプチコセラス 未定種

和歌山有田 サントニアン 120 mm SW

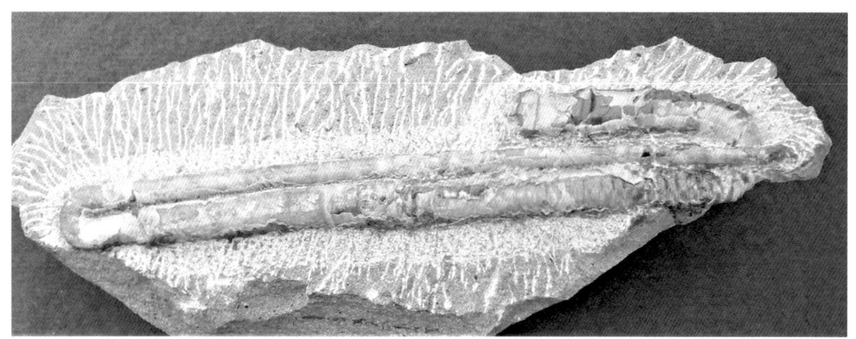

ポリプチコセラス（サブプチコセラス）ユーバレンゼ

古丹別上の沢 サントニアン 138 mm **住房部の肋間が広く初期殻が住房のターンの外側にでている。**

ディプロモセラス科 6

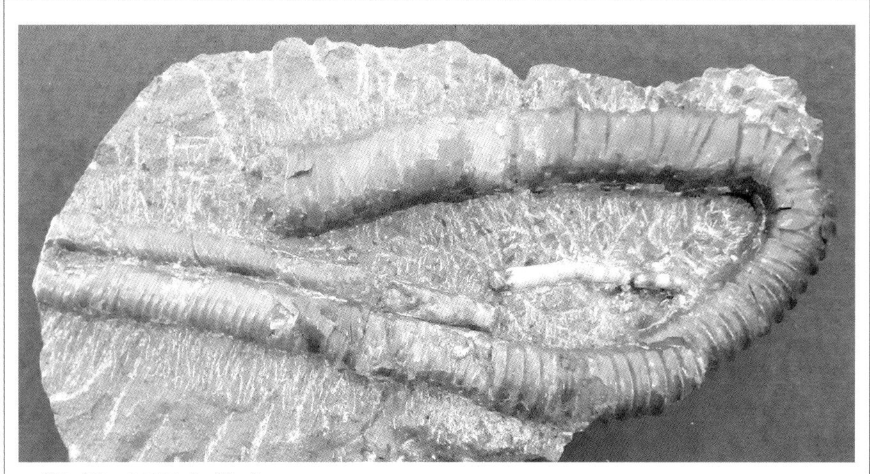

ポリプチコセラス オバタイ

築別
サントニアン〜カンパニアン
108 mm
住房部の鉤爪状が特徴的。以前はヘテロプチコセラスと呼ばれていた。

ポリプチコセラス オバタイ

羽幌逆川 サントニアン
50 mm OYG

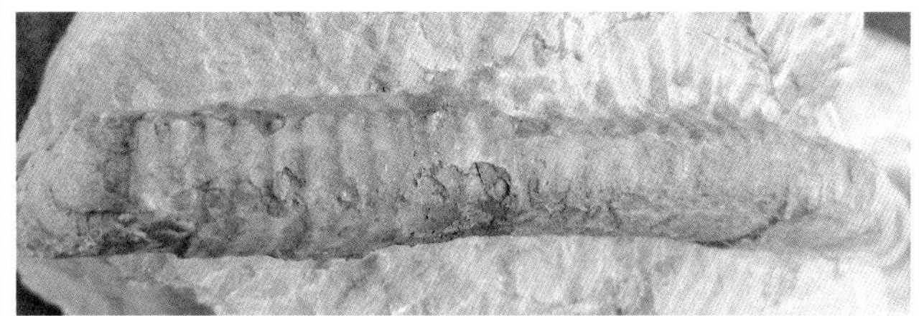

シュードオキシベロセラス

穂別稲里 カンパニアン 65mm 密な細肋、4 列の突起、螺環が角ばった断面をしているのが特徴。

ディプロモセラス科 7

不明種

穂別稲里 カンパニアン～マストリヒチアン
120 mm
3～4本の肋が連続して並んでいる。断面は楕円形。

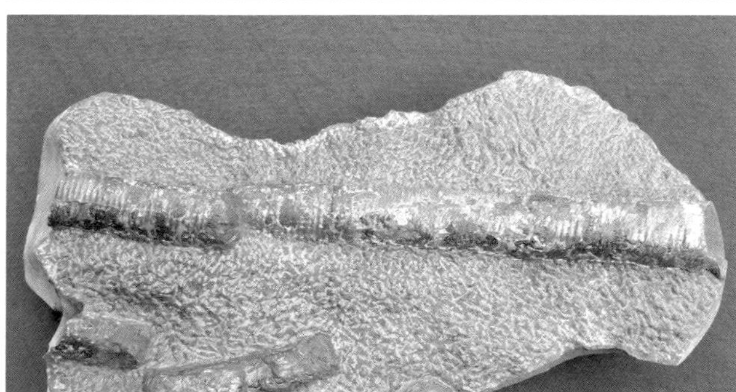

ディプロモセラス未定種

穂別稲里
マストリヒチアン
270 mm EG

ディプロモセラス未定種

大阪泉佐野
マストリヒチアン
90mm KN

ゾレノセラス（Solenoceras cf. texanum）

淡路島洲本市 マストリヒチアン 51 mm
KN

実体顕微鏡による精密クリーニングの標本。

バキュリテス科

スキポノセラス インターメディウム

上巻沢 チューロニアン
102mm
KN

スキポノセラス独特の殻口部が上向きに曲がっている。肋からも曲がっているのがわかる。

バキュリテス 未定種

大阪泉佐野 マストリヒチアン 170mm SW

バキュリテス レジーナ

大阪泉佐野
マストリヒチアン
100 mm
KN

スカフィテス科 1

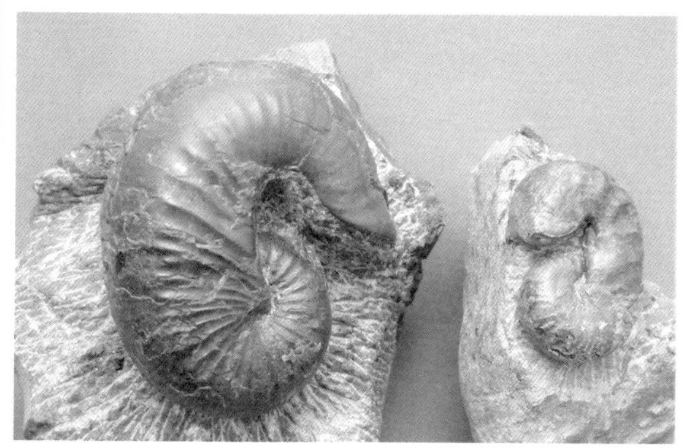

スカフィテス サブデリカツルス
（肋がヘソを覆うように一点に集中している）

上巻沢 チューロニアン 44 mm

スカフィテス 未定種（右）

奔別 チューロニアン 24 mm

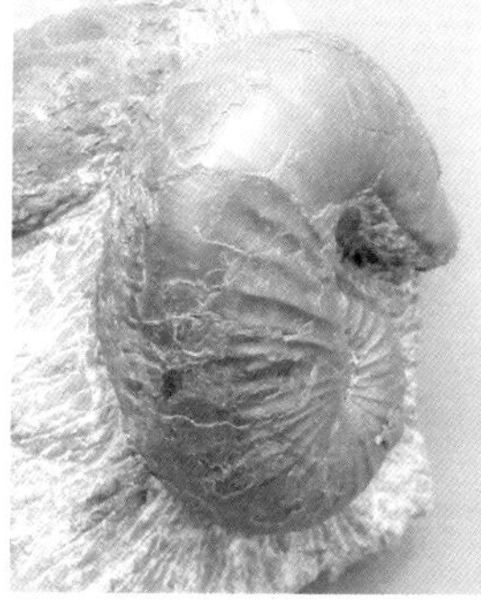

スカフィテス サブデリカツルスの螺環外側。

アンモナイトの同定の項でも少しふれるが、小さなエゾイテスはラペットをもち、やや大きいスカフィテスと二型のペアーをなすと考えられている。一例としてエゾイテス プエルクルスとスカフィテス プラヌスはそのペアーだとされていた。

さらに棚部一成先生の論文でこの二者が「同一種としてエゾイテス プエルクルスに統一された」らしい。努力不足でその論文を探しきれていない。

スカフィテス ヨコヤマイとエゾイテス プエルクルス（螺環が平滑）

三の沢 チューロニアン 40 mm、21mm

エゾイテス テシオエンシス

中二股 コニアシアン 23 mm

住房部が大きく円を描き肋が一様に発達している。

スカフィテス シュードエクアリス

中二股 コニアシアン 21 mm

肋間が広く住房部のヘソへのふくらみが小さい。

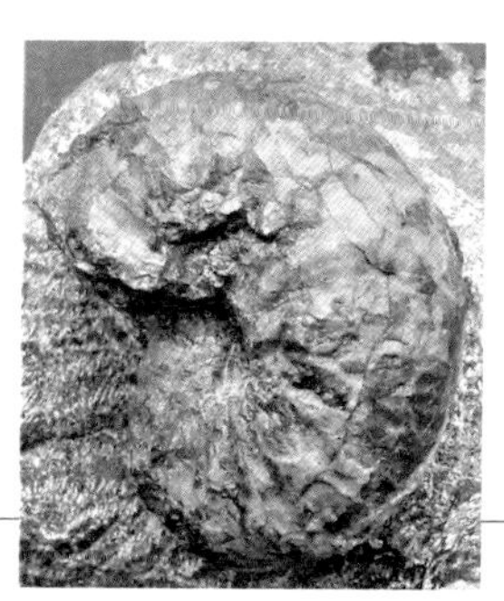

スカフィテス科 2

エゾイテス クラマセンシス

大曲沢川 チューロニアン〜コニアシアン 23 mm

明瞭な肋とラペットの付け根が大きい。

いろいろなエゾイテスが同一ノジュール内で産出する。同じ種だけが密集しているわけではなさそうだ。

背中が分厚く見えているのはエゾイテス ペリーニ。大きなラペットを持っている。

エゾイテスの産状。

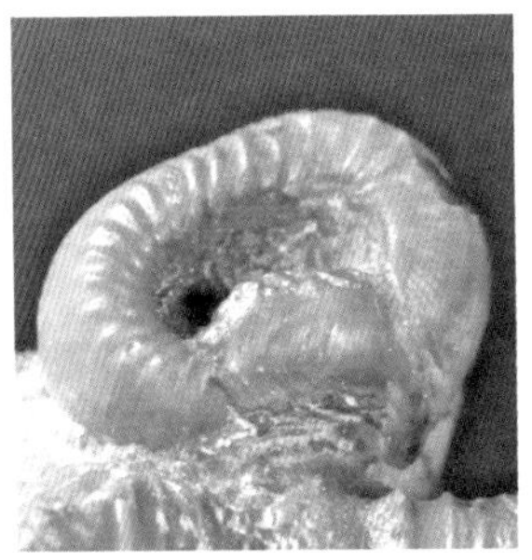

左、右とも

エゾイテス ペリーニ

小平佐藤の沢 チューロニアン

16 mm

左、右とも上とは別個体の

エゾイテス ペリーニ

小平佐藤の沢

チューロニアン 13 mm

上の個体より一回り小さいので
ラペットが発達しきれて
いないようだ。

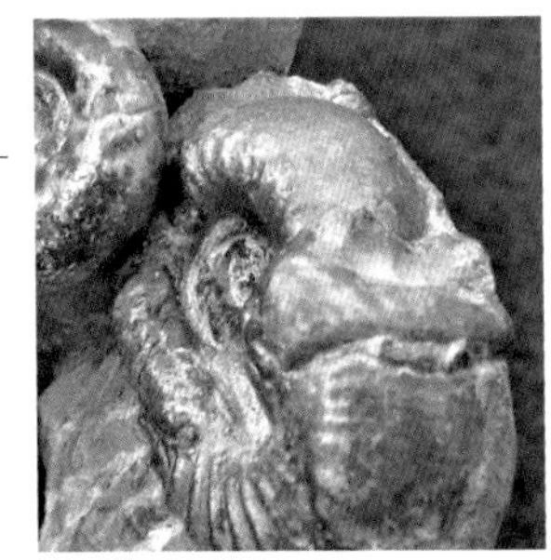

自由巻きタイプその他の科

アニソセラス科

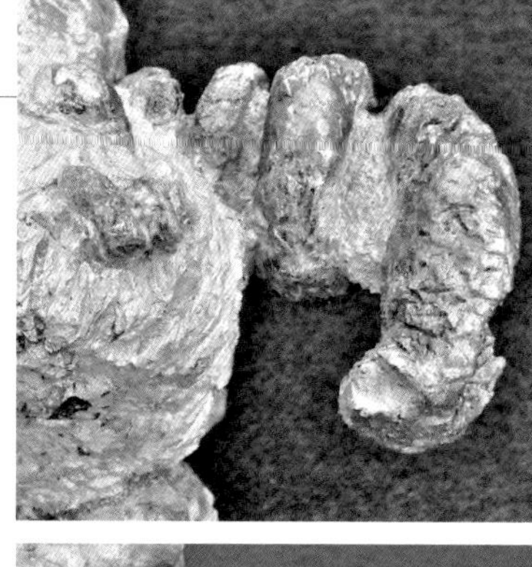

アニソセラス ハシモトイ

穂別稲里 セノマニアン 37 mm

アニソセラスとヘミプチコセラス。

左上画像のアニソセラスの一種の拡大

穂別稲里 セノマニアン 60 mm

ハミテス科

ヘミプチコセラス エゾアヌム

穂別稲里 セノマニアン
72 mm

ストモハミテス ジャポニカス

スリバチ沢 セノマニアン KN

左の拡大画像。

一緒に採れたその他の化石
腹足類（巻貝）1

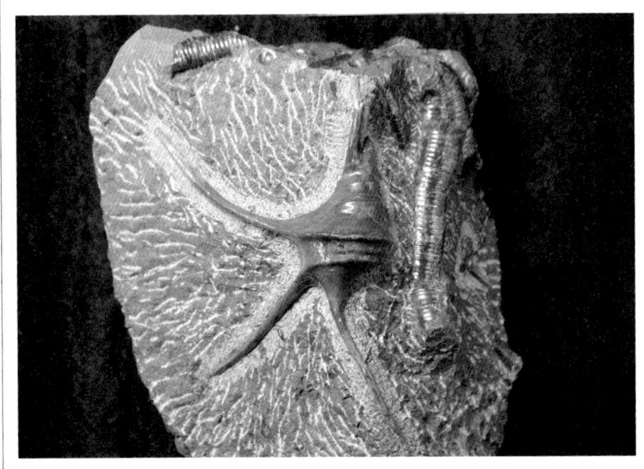

アポライス

築別
サントニアン〜カンパニアン
90mm KN

アポライス

中二股川
サントニアン 50 mm

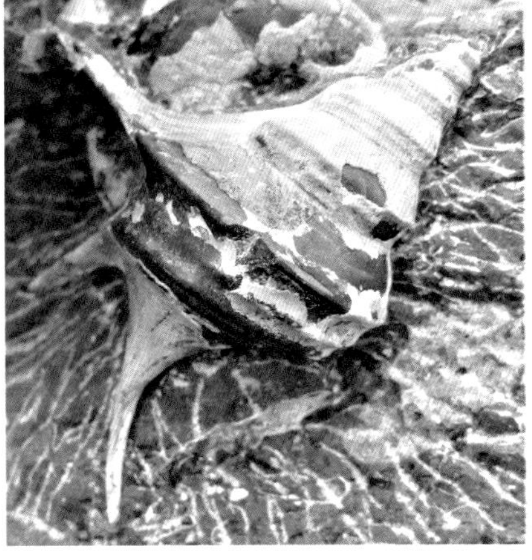

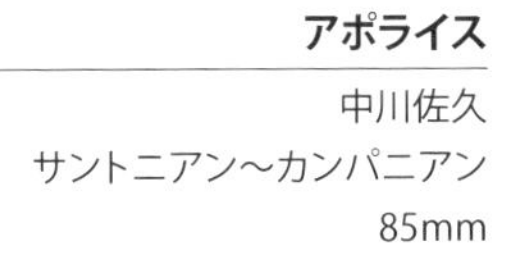

アポライス

中川佐久
サントニアン〜カンパニアン
85mm

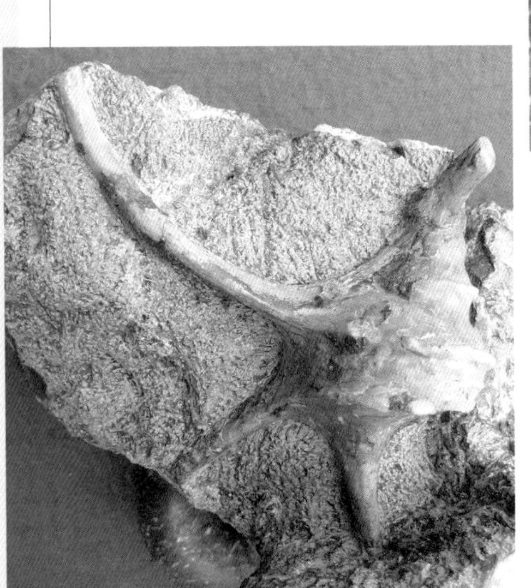

アンモナイトの殻口部にアポライスが入り込んでいた。

腹足類（巻貝）2

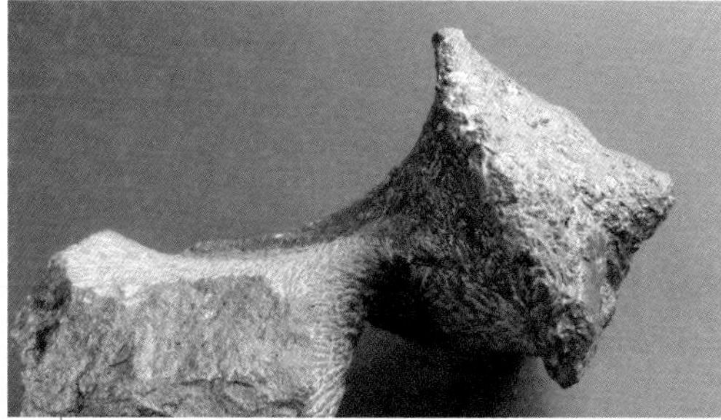

シュードペリシテス 未定種

大阪阪南
マストリヒチアン
50 mm SW

シュードペリシテス ビキャリナータ

藤内沢
マストリヒチアン
98mm

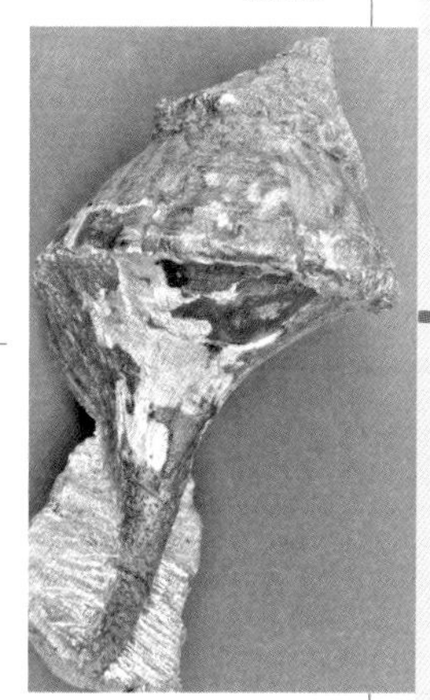

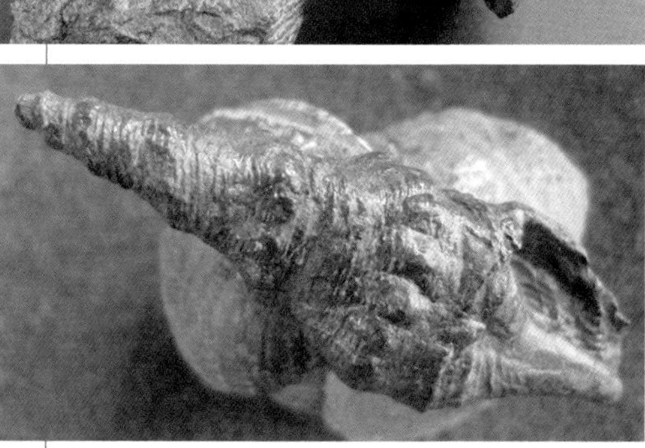

ニッポニチス マグナ

大阪貝塚
マストリヒチアン
70 mm SW

ティビア ジャポニカ

穂別稲里
サントニアン〜カンパニアン
49 mm 外唇にトゲの残った標本。

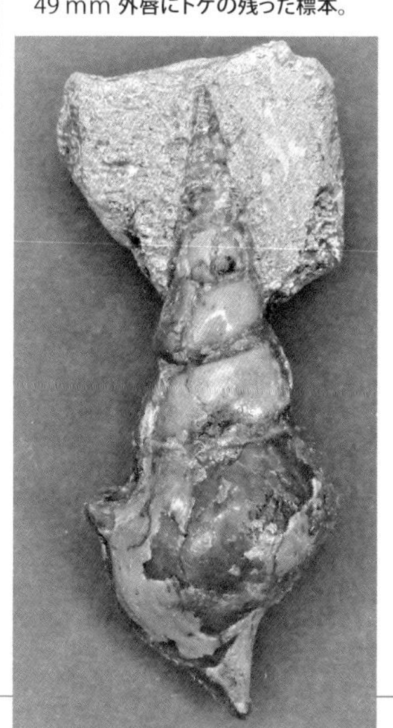

ティビア ジャポニカ

穂別稲里
サントニアン〜カンパニアン
68mm

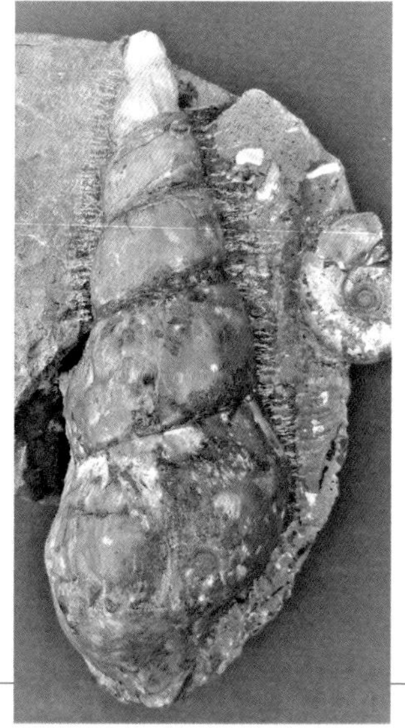

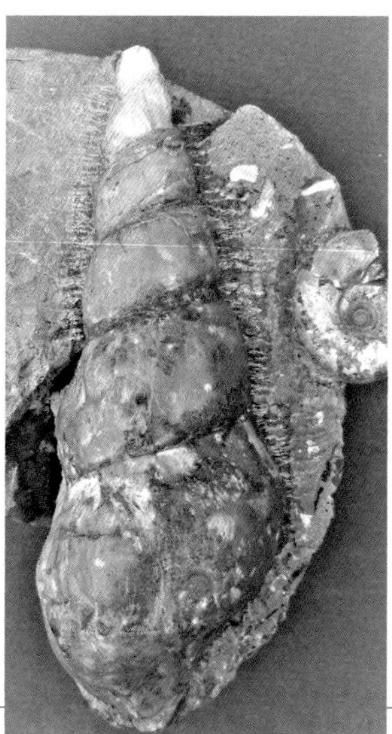

ティビア ジャポニカ

中川ワッカウエンベツ
カンパニアン 81 mm

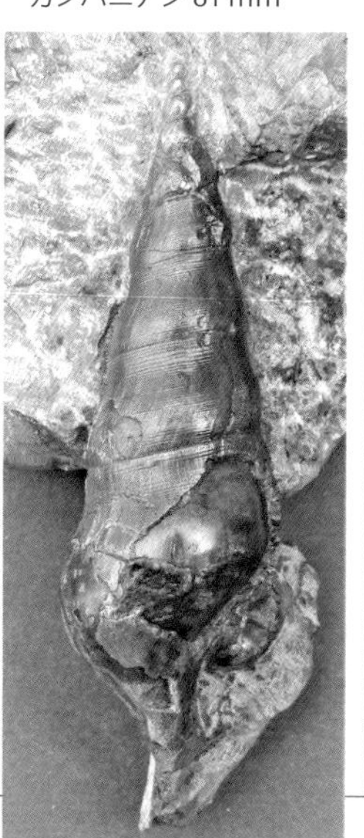

斧足類（二枚貝）1

ナノナビス スプレンデンス

大阪貝塚 マストリヒチアン 88mm KN

ナノナビス サハリネンシス

穂別富内 マストリヒチアン 80mm

プテロトリゴニア

三笠覆道崖
セノマニアン 63 mm

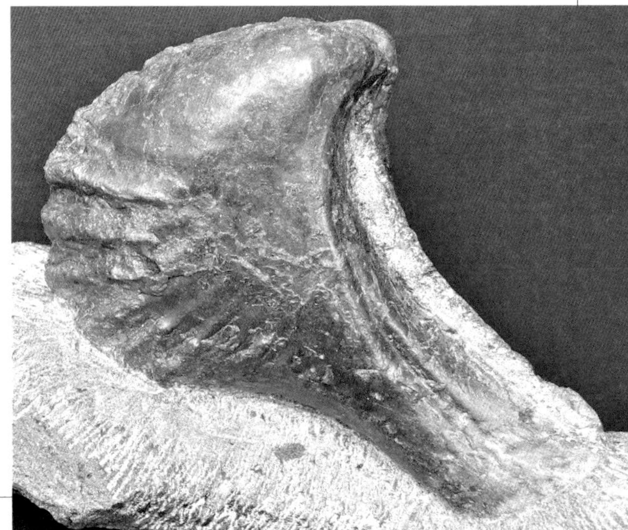

プテロトリゴニア

三笠覆道崖
セノマニアン 65 mm
両貝の標本。

斧足類（二枚貝）2

イノセラムス 未定種
穂別稲里
セノマニアン
120 mm

ペリプロミア グランディス
大阪貝塚 マストリヒチアン 80mm SW

イノセラムス シュミッティー
中川佐久 カンパニアン
母岩長 85mm
真珠光沢の標本。

ペリプロミア ナガオイ
大阪貝塚 マストリヒチアン
60 mm SW

掘足類（ツノガイ）・腕足類

ツノガイ
小平蘂川 サントニアン
95 mm OYG

ツノガイ
遠別清川
カンパニアン
90mm
メタプラセンチセラスの密集ノジュールに含まれていたもの。

リンコネラ
浜中町 マストリヒチアン
30 mm、26 mm
ゴードリセラス ハマナカエンセと共に産出する。

ハマナカエンセのでる崖は露頭から掘り出すのはご法度だ。コンブ漁を台無しにするからだ。

ウニ類

エキノイデア

淡路島洲本市
マストリヒチアン 母岩長
89mm KN

ヘミアステル

上一の沢
セノマニアン 60 mm
丸みのある四角形、『FOSSILS』（C.Walker and D.Ward）にはハート形をしたウニとして紹介されている。

ウニ 未定種

三の沢チューロニアン 45 mm
前縁のくぼみがわずかで、前歩帯の溝が浅いので『日本古生物図鑑』に分類されているヘテラステルと思われる。
ウニの上にのっているのはノトポコリステス（アサヒガニ科）。

甲殻類 1

リヌパルス ジャポニカス

淡路島洲本市
マストリヒチアン
68mm KN

こんな立派なリヌパルスは、なかなか採れない。が、目の前で大きな岩ともいうべき石の塊から仲間がリヌパルスを割り出した。皆から歓声が起こった。

リヌパルス

三毛別川 サントニアン 175 mm

ラグビーボール形のノジュールに入っていた。よく見るとノジュールの先端部に、触角の痕跡がうかがえる。

甲殻類 2

アーケオパス エゾエンシス

淡路島南あわじ市 マストリヒチアン 72 mm KN

アーケオパス エゾエンシス

淡路島南あわじ市
マストリヒチアン
70 mm EG

植物化石

イチョウ

穂別富内 マストリヒチアン 母岩長
110 mm

シダ類

奔別 コニアシアン
95 mm EG

**クラドフレビス
（トガリバエダワカレシダ）**

和歌山広川町 バレミアン 母岩長
110 mm

その他の化石1

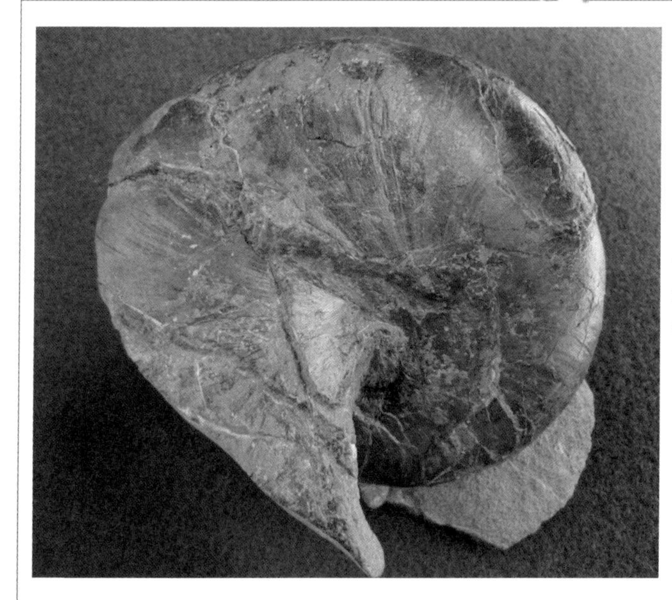

オーム貝
ユートレフォセラス
奥左股 コニアシアン
180mm SW

スフェノダス ロンギデンス
中川佐久 サントニアン〜カンパニアン 20 mm
KN

クレトラムナ
築別 サントニアン〜カンパニアン 29 mm

その他の化石 2

アンモナイトの顎器

首長竜の沢 サントニアン
70 mm

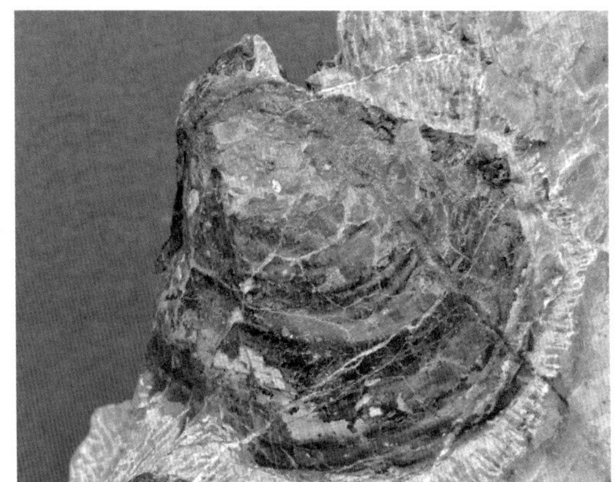

アンモナイトの顎器

穂別稲里
サントニアン〜カンパニアン 63mm

ウミユリ

和歌山有田
サントニアン
150 mm SW

ノジュールを見抜く1

❶ 化石が入っているのがわかりにくいノジュール

表面には化石が見えない。

割ってみると……。

中川佐久のノジュール。一見すると表面には化石の痕跡がうかがえないが割ってみると小型のアンモナイトがたくさん出てきた。化石がノジュール表面に出ているときや、割った面に化石が出た場合はそれ以上割らずに新聞紙などでくるんで持ち帰ろう。

❷ これも化石が入っているのがわかりにくいノジュール

やはり表面には化石の痕跡はない。

裏返すと、左中央にアンモナイト、上部にイノセラムスが見える。

稲荷の沢のノジュール。先行者が片面だけ割って放置していったノジュール。こういった割りかけのノジュールにも化石が入っていることがある。裏返してみたり、もう少し割り進めたりしてみよう。

ノジュールを見抜く２

❸ 典型的な形のノジュール

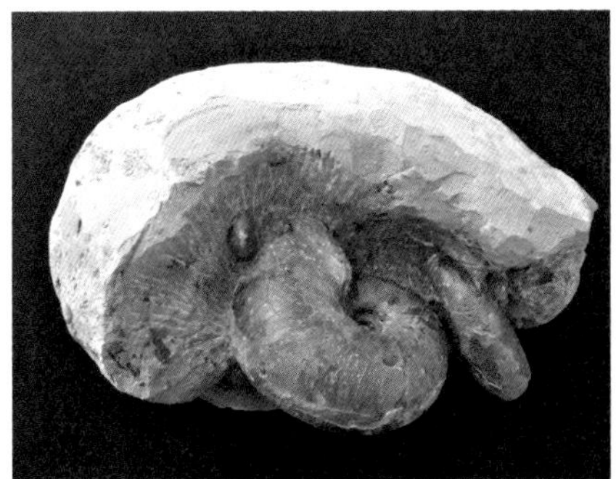

左のノジュールをクリーニング。

穂別稲里のサントニアン期のノジュール。丸い扁平の形だが、表面には化石の痕跡がうかがえないが10㎝くらいのアンモナイトが４個体入っていた。やはり卵型、扁平球、真球、だるま型などのノジュールには化石が入っている確率が高い。ノジュール長は28㎝。

❹ 典型的な一個体ノジュール

左のノジュールから一個体のユウパキディスカス。

穂別富内のノジュール。左側がなんとなくアンモナイトの形のように見えるが、やはり痕跡はわかりにくい。クリーニングをしている最中に気付いたがノジュールの横側に非常に薄いアンモナイトの殻の線が見えていた。なんとかユウパキディスカスを壊さずにクリーニングできた。ノジュール長は18㎝。

ノジュールを見抜く 3

5 典型的なアンモナイトの螺環外側が出ているノジュール

ユウパキディスカスが出てきた。

アンモナイトの螺環外側が見えている一個体ノジュール。右画像の上側に見えている部分はいわゆる「川ずれ」(転石となったノジュールが流水の作用などで、化石の一部分が削りとられてしまっている）している。穂別ホロカクキル川。ノジュール長は 20㎝。

6 もっともわかりやすいノジュール

よく見れば小さなアンモナイトの断面や巻貝が見える。上一の沢のノジュール。中に大きなアンモナイトや完全体のアンモナイトが入っていることもあるのでなるべく割らずに持って帰ろう。

7 アンモナイトの断面が見えるノジュール

断面が見えているアンモナイトは程度次第でいい標本になる。別個体の立派な化石が入っていることが多いのでやはり割らずに持ち帰ったほうがいい。

ノジュールを見抜く４

❽ 亀甲石（亀石）ノジュール

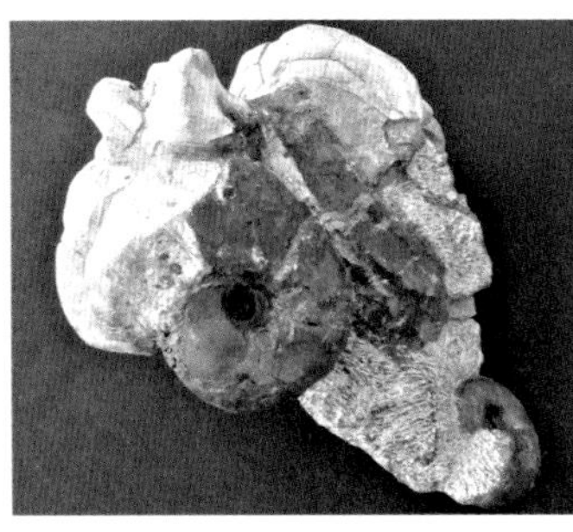

脈に沿ってテトラゴニテスが出てきた。

通常のノジュールに「すき間ができて、そこを方解石の細かい結晶が充填している石であるため、当然ながらそこに含まれている化石もずれていたり」（早川浩司著『北海道 化石が語るアンモナイト』）方解石の脈で覆われていたりしており、クリーニング難度が高くいい標本を得づらいこともある。

❾ 骨の入っているノジュール

クリーニングをしかけの亀の骨が入っているノジュール。骨独特の多孔質な感じがある。現場で割るのは禁物だ。藤内沢、マストリヒチアン期。母岩長280mm。

❿ 小さなアンモナイトが密集しているノジュール

小さなアンモナイトの正体はほとんどがスカフィテスやエゾイテスだ。こんな石にはニッポニテスが入っていることもある。

穂別稲里 コニアシアン 母岩長320mm

北海道産地別 特色のあるアンモナイト

天塩中川・遠別

◎天塩川とその支流のアベシナイ川、ワッカウエンベツ川からなるアンモナイトの一大産地だ。白亜紀前期のアルビアン期から後期のカンパニアン期の地層が分布し、白っぽい保存良好な化石が採れる。母岩も比較的軟らかくクリーニングしやすい。白亜紀後期のサントニアン期、カンパニアン期が中心だ。

◎中川駅の近くには民宿やポンピラ温泉、道の駅などがあり活動の拠点となる。エコミュージアムのある佐久まで20分、ワッカウエンベツの町道ゲートまで40分ほどかかる。ゲートから先の町道は町の入林許可が必要なうえ道の崩落が多い。歩きまたは自転車が基本。ゲートから10kmで「学校の沢」、さらに2 kmで「化石沢」。コンビニは中川駅周辺にしかなく佐久駅周辺には民家がほとんどない。

◎中川・遠別を代表するアンモナイトはなんといってもメタプラセンチセラスだ。他にハウエリセラス、テシオイテス、アイノセラスなどがあげられる。

◎佐久駅近くには「佐久合同森林管理事務所」があり、入林許可取得のうえ、各林道への日々の入林届を求められる。

まずは中川独特の白っぽい化石。乾いたら黄色っぽく見えるノジュールの中に入っていた。ノジュールの大きさは160mm 。左下のテトラゴニテスが最大のアンモナイトで115 mm。他にポリプチコセラス ジンボイがバラバラで入っていた。

ノジュールの裏側。ここにもやっぱりテトラゴニテスが鎮座していた。

天塩中川・遠別

中川佐久のチューロニアンの密集ノジュールだ。母岩長は 310mm 。最大のアンモナイトはゴードリセラス デンセプリカータムで 150 mm、つぎにプゾシアの 120 mm。他にユーボストリコセラス、スカラリテスなどが多く入っていた。同行していた小西さんがあまりの大漁で私におすそ分けしてくれた。

天塩中川・遠別

前ページのノジュールの裏側。

密集ノジュールなのでユーボストリコセラスもつぶれていた。最大で二巻きと少し。

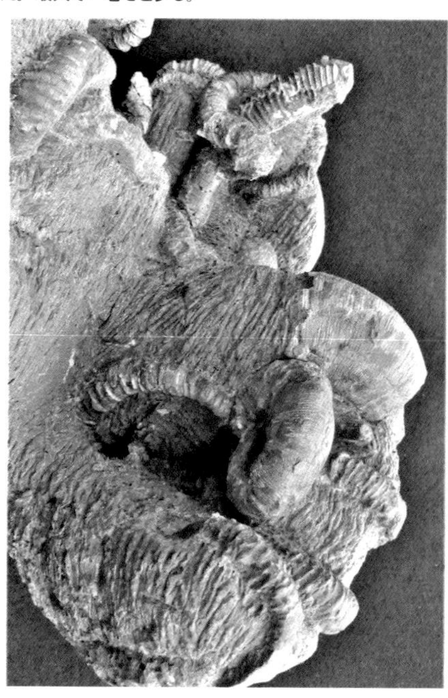

天塩中川・遠別

テシオイテス 78 mm 母岩長 170mm 中川ワッカウエンベツ。

ウラカワイテスと異なり、テシオイテスは肩に突起がしっかり見えるがヘソの肩のは「ない」ように見える。重田康成著『アンモナイト学』には、「肩の突起の有無以外の点では、テシオイテスとキャナドセラス、ウラカワイテスとユウパキディスカスは同様の特徴を持つ」とある。すなわち、テシオイテスもヘソの肩にキャナドセラスのような「高まり」をもっている。

【中央】パキディスカス ヒダカエンシス 65mm、上のノジュールの裏側。

天塩中川・遠別

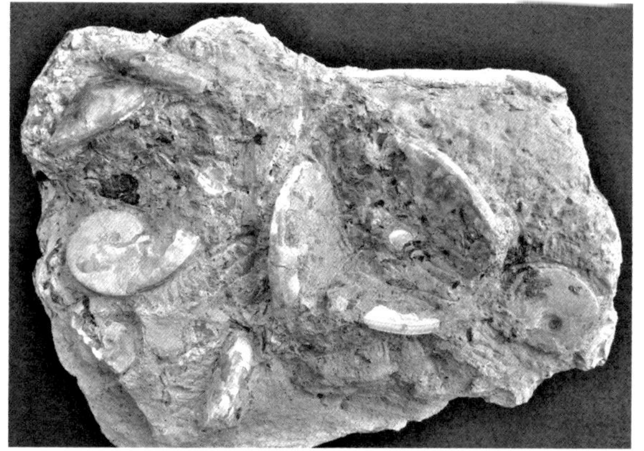

左のノジュールの裏側。
母岩長 250 mm。

遠別清川、北の沢のメタプラセンチセラスの密集ノジュールだ。10年以上も前に大雨で沢が大崩れした際、大八木さんに連れて行ってもらった。遠別清川のメタプラセンチセラスは遠別ルベシュベのものに比べて保存が悪く色もやや劣る。ただルベシュベはアプローチが大変だし数も少ない。

清川林道の露頭。
2009 年とその翌年あたりは清川林道の露頭が大崩れしていた。

露頭の上の倒木の根本にアナパキディスカスの入っているノジュールを曾和さんが見つけた。メタプラセンチセラス以外のアンモナイトが出るのはちょっと珍しい。

天塩中川・遠別

キャナドセラス マルチコスタータムとアポライス。

キャナドセラスは気質が溶けていて残っているのは住房の一部。中川の佐久エリアで多く産出しておりこの標本も佐久で採れた。

上のノジュールの裏側。

中川ワッカウエンベツ。
化石沢の入り口付近は雪解けの水が出てやや増水気味だ。
誰かが「化石沢」と看板をつけてくれていたがまだ残っているだろうか。

上羽幌

◎羽幌エリアは、北から順に築別川、三毛別川、羽幌川とその支流となるデト二股川、中二股川、逆川、羽幌川源流部､さらに右の沢などからなっている。チューロニアン期からカンパニアン期の地層が分布している。

◎三毛別川はダム管理の都合上、林道が整備されており何とか車で近くまでアプローチできる。雪解けの時期や大雨の直後は10km以上の泥だらけの道を進むことになるが羽幌エリアでは最もアプローチが楽だ。

◎筑別川もアプローチは比較的楽だが産出ゾーンが狭いため直近に先行者があると貧果になることもある。

◎産出ゾーンが広く1時間少々歩けばたどり着けるのが「右の沢」だ。上羽幌橋あたりに土木現業所の恐ろしく頑丈なゲートがあり南京錠がかかっていて車では行けない。道道741号線沿いに歩けば自然と行き着く。舗装道が多いので自転車があれば便利だ。

◎他のエリアは歩くとなると片道2時間程度は見込んでおいたほうがよい。中二股へはあの有名な7つトンネルを行く。前回訪れた際はトンネルの2つ目から7つ目までずっとヒグマの足跡が続きトンネルに入るたびに大声をあげながら歩いた。トンネル内は泥のデコボコ道で自転車で走り抜けるのは厳しい。

◎羽幌の海沿いには立派なホテルや道の駅、コンビニ、スーパー、ホームセンターもあり便利だ。さらに初山別温泉や苫前にも宿泊するところがある。ともに産地までは1時間と少しかかる。すべての産地周辺にはコンビニ、自動販売機はおろか人家すらほとんどない。

ネオフィロセラス サブラモーサムの美しい縫合線。
全く研磨などしていない。自然が研磨した標本。デト二股川。

上羽幌

デト二股の有名な「金アンモ」の露頭から採取。デスモフィリーテス。

林道よりデト二股川を望む。

金アンモ露頭付近の砂防ダム。

上羽幌

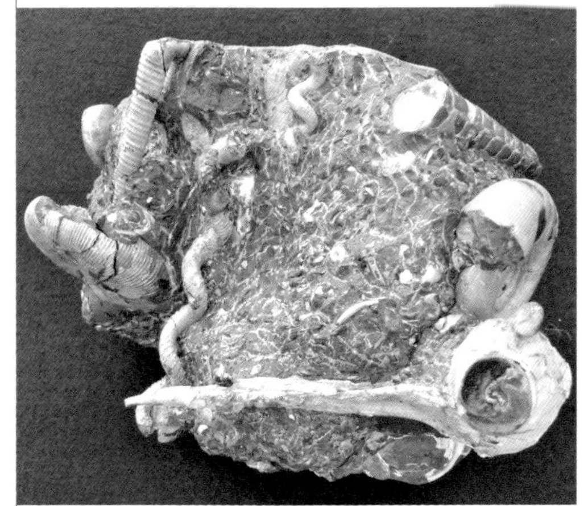

三毛別川。

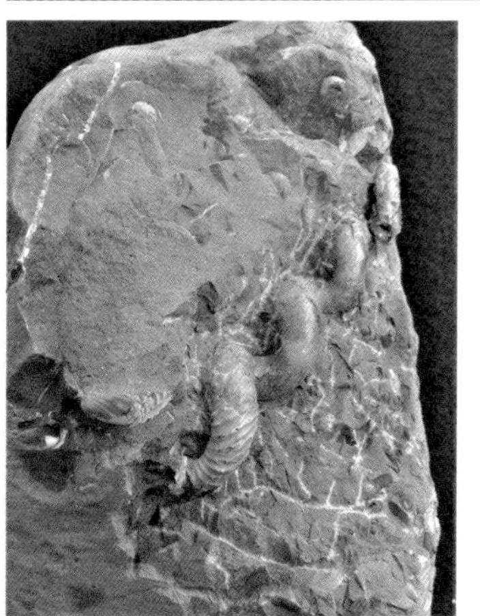

デト二股。

羽幌はサントニアンのエリアが広く分布し、ナエフィア、アポライス、ハイファントセラス オリエンターレ、テキサナイテスなどが多い。石も軟らかいので、化石の密集したノジュールの場合などは、できるだけ化石を壊さず、外さず忠実に産出状況を残すクリーニングを心がけるようにしている。

中二股。

上羽幌

ハイファントセラス レウシアヌム

デト二股 サントニアン
130 mm

初期殻をふくめ６段あった。すでに「科分類」の図版のところで紹介したが、初期殻のところを見ていただきたい。

羽幌は他の地域に比べハイファントセラスの珍しい種が多いように思う。

ハイファントセラス レウシアヌムはコニアシアン期からサントニアン期で産出するようだ。

比較標本が少ないのでハイファントセラス ベヌスタムとハイファントセラス ヘテロモルファムとは区別が判然としないこともある。

中二股 サントニアン？　突起がついているのでハイファントセラス属と考えられるが種名はわからない。

古丹別・幌加内

◎古丹別エリアはアルビアン期からカンパニアン期の地層がある。古丹別川とその支流が化石の産出地になる。有名なオンコの沢はゲートから1時間は歩く。林道が崩落していたり植物が密生していたりで自転車でも厳しい。他に上の沢やホロタテ沢も歩きが基本だ。ただ国道239号線から直接林道に入れる大曲沢は入り口からすぐに沢に下りることができ化石もある。

◎セノマニアン期で有名な幌加内は朱鞠内と南北に隣接しているが化石産地が奥深くアプローチの困難な産地だ。共栄砂金沢などはまだましなほうであるが、林道を多少車で進めたとしても化石産地までは林道と沢を2時間くらいは歩く。しかも産出ポイントは狭くなかなか厳しい。アルビアン期からチューロニアン期の地層がある。また早雲内川やその支流のスリバチ沢は産地までは近いが入川者は多い。

◎羽幌、苫前に宿をとるか小平の鬼鹿あたりの民宿に泊まるかである。鬼鹿は海産物が豊富で料理のうまい店も多い。幌加内や朱鞠内湖畔にも宿泊施設がある。

◎古丹別の化石産地周辺には、おそらく20km圏内は店も自動販売機もない。

メソプゾシア パシフィカ

ホロタテ沢 チューロニアン 130 mm ユーバレンシスに比べヘソは大きく分岐肋が目立つ。

古丹別・幌加内

メソプゾシアパシフィカ
大曲沢川
チューロニアン
母岩長 120 mm

下は別角度からの画像。

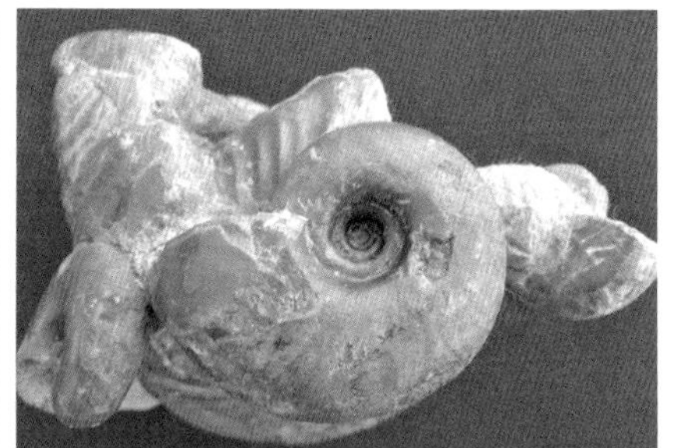

メソプゾシア パシフィカ
大曲沢川 チューロニアン
112 mm EG

大曲沢川はメソプゾシアの多い沢だ。スカラリテスやローマニセラスも採れ度々訪れた。林道ゲートから１時間ほど歩く。

古丹別・幌加内

ハイファントセラス オリエンターレとゴードリセラス テヌイリラータム

手前のオリエンターレは 105mm 上の沢 サントニアン SW

古丹別 オンコの沢。6月の上旬。沢は虫が毎年大発生する。みんな防虫ネット付きの帽子をかぶっている。

古丹別・幌加内

古丹別川で採取した密集ノジュール。
母岩長 175 mm。
左、下とも同一ノジュールの別角度からの画像。

左は典型的な 3 突起型のコリグノニセラス科のアンモナイト。挿入肋もある。

プロテキナナイテス ボンタンティー

古丹別川 サントニアン 36 mm

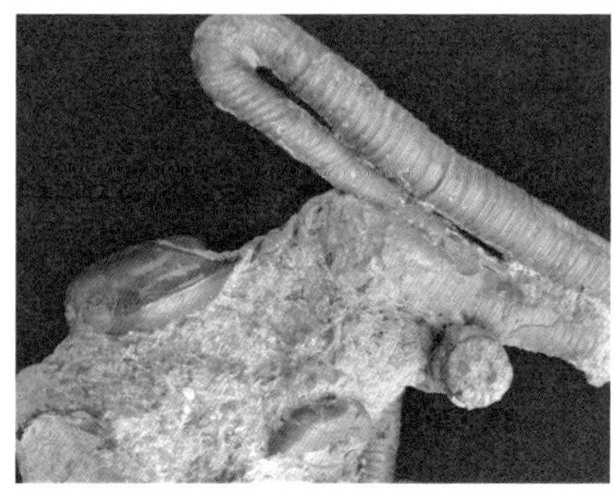

古丹別・幌加内

同行者が見捨てたノジュールから、曾和さんがマリエラの密集を出した。下のマリエラがそうなのかは本人は固く口を閉ざしている。11cmもあるマリエラはまずない。あと一歩の努力を惜しんで失敗することは、ままあることだ。

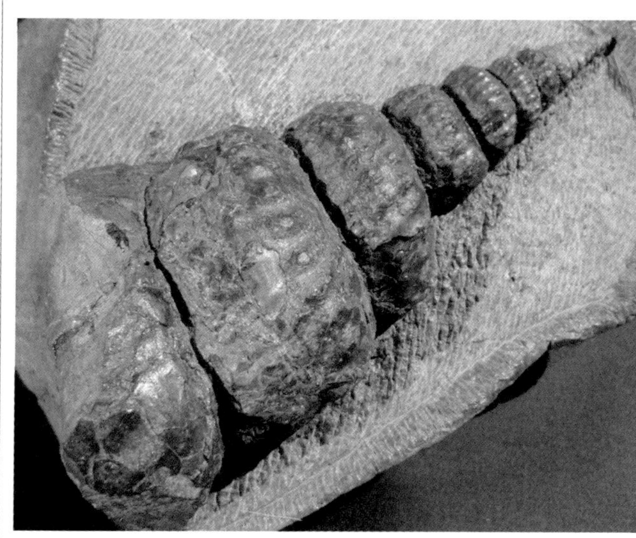

マリエラ パシフィカ
スリバチ沢
セノマニアン
110 mm
SW

下の画像の真ん中に見えるのが同行者に見捨てられたノジュール。

前夜の雨で水が増え「茶濁り」しているスリバチ沢。転石が見えにくく成績は不調だった。

小平

◎小平エリアは北から順に、ケチカウエンオビラシベ川、アカノ沢、小平蘂川の川上本流、学校の沢、佐久間の沢、上記念別、中記念別、下記念別など採集場所には事欠かない。また地層としては、アルビアン期からカンパニアン期まである。石が軟らかくクリーニングしやすい。

◎道道742号線の北側はサントニアン期、カンパニアン期でアプローチしやすい沢も多い。アカノ沢は742号線沿いに流れていてアプローチしやすいので訪れる人が多い。

◎なんといっても代表的な産地は上記念別だ。季節の初めは土木現業所のあの頑丈なゲートが道道126号線に入るとすぐのところにあり、それ以上車では進めない。有名な佐藤の沢までは5 km、1時間歩く。が、2 kmも歩かないうちに上記念別沢川に下りられるので化石を採りながら川をさかのぼればよい。

◎また中記念別も上記念別に負けない代表産地だ。おびらしべ湖の橋を渡るとすぐに林道ゲートがあり少し先から沢に下りることができる。沢は奥深くつづいている。

◎小平町の温泉施設やほろしん温泉、秩父別温泉あたりが活動の拠点になる。もっとも遠い秩父別から産地の入り口にあたる達布まで1時間ちょっとで着く。達布にはガソリンスタンドと飲み物が買える自動販売機があるが、食べ物は手に入らない。

アンモナイトの密集ノジュール。三の沢。

小平

沢の真ん中に陣取っていた200kg以上のノジュールから
ユーバリセラスの外側の突起がかすかにのぞいていた。
ユーバリセラスは45 mmほどと小さい。

前ページより。
アンモナイトの密集ノジュール。母岩長280 mm 三の沢 チューロニアン。

アンモナイトだけで50個体以上含まれていた。含まれていたアンモナイトは、スカフィフィテス、エゾイテス、テトラゴニテス、メソプゾシア、ユーバリセラスなどだ。

小平

小平蘂川。
セノマニアンのアンモナイトの密集（巨大なノジュールの一部）。デスモセラス、ゴードリセラス、エオグンナリテスなど。

このノジュールは半分以上が川に浸っており数百kg以上もありそうな大密集で、大小含めて何十ものアンモナイトが入っていた。

セノマニアン期の産出エリアはピンポイントになっていて、少しでもポイントを外れると化石は全くないといえる。

小平蘂川のセノマニアンのアンモナイトの収穫はほとんどが上記のノジュールからだ。右のゴードリセラスとデスモセラスも上と同一ノジュールのものだ。

小平蘂川を望む。

アカの沢入り口付近の水芭蕉の群生。

小平

三の沢はスカフィテスやエゾイテスが非常に多い。このノジュールにはリュウやスカラリテスも入っている。

EG

もう15年ほど前だ。われわれのグループで初めて採ったユーボストリコセラス ムラモトイ。上記念別川は結構ムラモトイが多く、その後いくつか採集することができた。

ユーボストリコセラス ムラモトイ

砂金沢 チューロニアン25mm

EG

芦別・奔別・三笠

◎国道452号線沿いのエリアだ。芦別市街から南に向かうと三笠市街に入るまでずっと化石の産地が続くがその間はコンビニなどはない。芦別は北から順に八月沢川、月見沢川、幌子芦別川が芦別川の西を流れ、チューロニアン～セノマニアンを中心に分布するがとにかく産出ポイントまでは遠い。また芦別川の東側にも惣顔真布、惣芦別川などコニアシアン～チューロニアンを中心とする産地があり、こちらのほうがアクセスはやや容易だ。芦別川の本流も水が少ない場合には化石が採れる。

◎奔別川を上流まで行くと、アルビアン～セノマニアン期のドゥビレイセラスやハイパープゾシアを、また奔別川の入り口付近では、チューロニアンの化石を採ることができる。上流まで林道があり、運が良ければある程度まで車で行くことができる。

◎三笠はポイントが多い。セノマニアンなら覆道の上とその周辺の小沢。林道の入り口わきに車を止めてすぐに沢に下りられるのが上一の沢で、本流で十分採集できる。北側から流れ込む枝沢はセノマニアン～コニアシアン、逆に南側はサントニアンだ。桂沢湖の北にある熊追沢は鉄砲水のようなダムの放流があり非常に危険なのでお勧めしない。幾春別川の西はサントニアンでアプローチの遠い菊面沢、楽な稲荷沢、小屋の沢、ホロモイ沢がある。東側はコニアシアン主体の左股沢、夕張越沢があり比較的楽に沢に入れる。三笠市街地には大きなショッピングモールや宿泊施設もある。

ニッポニテス サハリネンシス

芦別川 コニアシアン

アンモナイトの他にウニ、
リンコネラなどが含まれていた。

裏面にはバキュリテスがいくつも入っていた。ニッポニテスを見つけるにはバキュリテスはキー化石のようだ。

また芦別川はアナゴードリセラス リマータムの多いところだ。残念ながらアナゴードリセラス リマータムは、ほとんど住房部が壊れて産出する。

芦別・奔別・三笠

上一の沢の本流。

上一の沢支流の岩石沢。おもにセノマニアン。

デスモセラスとトリゴニアが入っているが、とにかく何と言っても上一の沢でのセノマニアンの化石は、小さな巻貝だ。黒っぽく小さいのが巻貝だ。

ツリリテス科の図版に載せた標本もこの沢で得たものだ。上一の沢の西北から流れ込んでくる枝沢は多くのセノマニアン期のノジュールを運び込んでくる。

上のノジュールの別角度からの画像。左端にデスモセラスの外側が見える。

上一の沢のセノマニアンのノジュール。

芦別・奔別・三笠

芦別川 コニアシアン。アナゴードリセラス リマータムとトラゴデスモセロイデス（手前）。

芦別川から国道を見上げる。

もう暗くて引き上げようと準備をしていると、曾和さんが河床ノジュールからアナゴードリセラスを見つけた。やっとのことでノジュールを引っ張り出したところ。

芦別・奔別・三笠

上一の沢 チューロニアン～コニアシアン。

ゴードリセラス、テトラゴニテス、スカラリテスのほかウニ、リンコネラなどの多くの種類の化石を含んでいた。

上の標本の別角度からの画像。

【下】左股の沢 コニアシアン ゴードリセラス デンセプリカータムが２つ付いていたがその間にトゲの強いハイファントセラスがはまり込んでいる。

林道からの左股の沢。

夕張

◎三笠からさらに国道452号線を南下し三夕トンネルを越えると大夕張に入る。夕張地区はなんといってもこの452号線沿いの大夕張が有名でサントニアン～セノマニアンの化石が豊富だ。

◎また夕張市内の中心地から北上する道道38号線に入ると鳩ノ巣、万字の産地がありアプローチも簡単なところが多くアルビアン～チューロニアンの化石を産する。さらに38号線を栗沢町方面に向かうと美流渡、シコロ沢などの産地がある。

◎夕張市内にはコンビニや食事をするところなどもあり便利。またホテルや温泉施設もあるが、ゆっくりと化石採集もし、温泉にも入るなら近くの長沼町、由仁町、栗山町に温泉宿泊施設もある。紅葉山にもコンビニ、レストラン、宿泊施設などがある。

◎有名な白金沢は、シューパロ湖の水位が上がり河口部は水没したが、前期チューロニアン～セノマニアンを狙うなら面白いところだ。白金橋を渡って次の橋を渡り林道を右に折れ湖岸沿いを行けば白金沢につく。先程の右折のところをそのまま直進すればペンケモユーパロでマンミテス、ファゲシアなどを狙うこともできる。いずれも入林許可書があることと、林道が崩れていないことが前提だ。

ニッポニテス ミラビリス

上巻沢 チューロニアン 35mm SW

2008年頃の白金沢の河口部の大露頭。
巨大なユーボストリコセラスなども採れた。

ペンケモユーパロ川のチューロニアン後期の露頭。残念ながらこの露頭も水没。何十cmもあるアンモナイトやイノセラムスの破片があちらこちらにあった。

夕張

ムラモトセラスとスキポノセラスのノジュール。
上巻沢 My8 ゾーン産出 チューロニアン。
母岩長 140mm 。

左と同一ノジュールの別角度から。

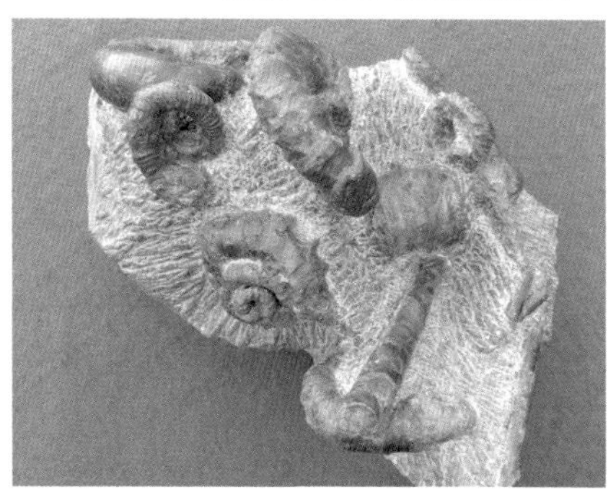

ムラモトセラスはニッポニテスと同じチューロニアン期産出だが共に産することはない。チューロニアン後期のニッポニテスは夕張地質図の My9 ゾーンだが、ムラモトセラスはチューロニアン前中期の My8 ゾーンで産する。

大巻沢 My8 ゾーン産出 チューロニアン。

ムラモトセラス エゾエンセとラクサムの一部。中央の棒状のアンモナイトはスキポノセラス。この二者は共に産することが多い。

左のノジュールの裏側。

ムラモトセラスの裏側にはしっかりとスカラリテスがついていた。ムラモトセラスの石にスカラリテスらしき破片がついているのを見たことはあるがこの両者が共に産することを裏付けできた。

夕張

ニッポニテス オキシデンタリス（右手前）の一部とスカフィテス、エゾイテスのノジュール。
上巻沢 チューロニアン。
母岩長 105mm 。

上のノジュールの裏側にもオキシデンタリスの破片がついていた。

ユーバリセラスとメソプゾシア。
カシマの沢 チューロニアン 95 mm。

上巻沢のチューロニアン露頭。

穂別・占冠

◎千歳に住んでいたこと、さらに師匠の堀田さんのお住まいかあることもあり、このエリアに再三通った。最も収穫を得た地区でもある。ただこのエリアは国有林が少なく私有林や町有林が多い。巡検については注意や配慮を要する。

◎国道 274 号線を新夕張の紅葉山から東に向かうとすぐに 274 号線は南下する。オマナイ橋から北東方向に延びているのが首長竜の沢。沢沿いを上っていくのはちょっと厳しい。次の桂木橋との間に林道があり、ゲートが開いていれば林道に沿って車で行くことができるが、橋のない沢を車で渡らねばならない。お勧めはゲートわきに車を止めて 1㎞ほど歩く桂木の沢だ。サントニアンの化石が出る。

◎さらに道道 74 号線との合流点から入沢できるのがマッカシマップ沢だ。沢落ち口付近はセノマニアン、コニアシアンがあるが、かなり上流までサントニアンが主体。

◎さらに東に進み穂別大橋を渡って左折しダム湖を越えたあたりでもう一度左折するとヌタポマナイ沢だ。チューロニアンが主体。ヌタポマナイ方面に左折せずインターチェンジあたりからサントニアン主体の穂別川にも入ることができる。

◎マッカシマップ近くの道道 74 号線を南下しても化石の産出地が多い。

◎占冠インターチェンジから東に国道 237 号線を 1㎞ほど行くと、ニニップナイ川に行く林道がある。沢のすぐ手前まで車で行くことができる。サントニアン～カンパニアンの化石が出る。

◎また高速道路を使わずに国道 274 号線を穂別から東に進むと道道 610 号線との合流点に大きな駐車場がある。ニセイパオマナイ川だ。橋より北がカンパニアンの産出地だ。

◎紅葉山を過ぎると占冠までの国道 274 号線沿いにはコンビニや食事をするところがない。自動販売機も 2 か所ほどしかない。

◎穂別博物館の周辺と占冠の市街地には食事をするところがいくつもある。

◎占冠にも穂別にも宿泊できるところが何か所かある。

マッカシマップ沢上流部。

穂別・占冠

首長竜の沢 サントニアン。
母岩長 390 mm。
ポリプチコセラス ジンボイとゴードリセラス テヌイリラータムやテトラゴニテス。

マッカシマップ沢。
サントニアン 母岩長 320mm 。
ほとんどがゴードリセラス。
裏側にはネオクリオセラス ベネスタムらしき破片がついていた。

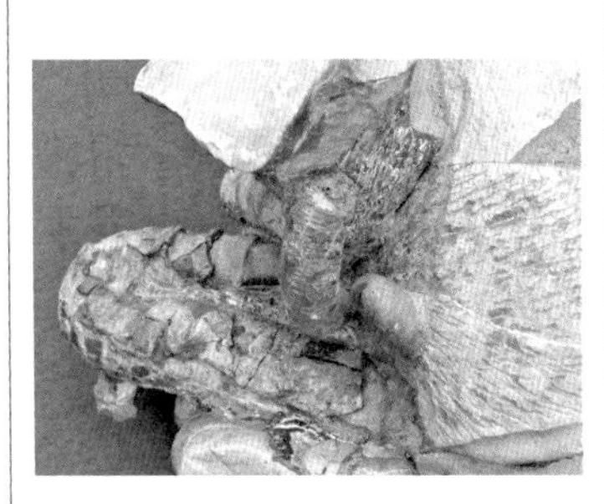

マッカシマップ沢。
サントニアン 母岩長 220mm 。
サントニアンのユーボストリコセラスとその初期殻。

穂別・占冠

ニッポニテス バッカス

穂別 ヌタポマナイ沢
チューロニアン
母岩長 180 mm

芯のあたりにミラビリス状の部分が見える。バッカスの一部とする考えと、バッカスとミラビリスのペアーでの産出だとする考えとがある。

手前下はリュウの一部分。

別角度から。

ノジュールの裏側。
ユーボストリコセラスのムラモトイが 2 つとバッカスの割れた断片がついているようだ。

ヌタポマナイ沢。

穂別・占冠

穂別稲里 セノマニアン密集ノジュール。
母岩長 310 mm。

パラジョウベルテラ、デスモセラス、タナベセラス、ネオストリンゴセラスなど 30 個体以上のアンモナイトがついていた。母岩の分離が悪く保存状態もやや難。

右の標本のポリプチコセラスだが、住房部の肋間がやや広くユーバレンゼに似るが、ユーバレンゼはもっと肋間が広い。コニアシアンのポリプチコセラス オブストリクタムは住房部もすべて肋間が狭い。この二者の中間的形態を示している。右下画像の手前にスカフィテスがついているのでコニアシアン期を疑う余地はない。

上、下ともに 穂別安住 コニアシアン。
下はハイファントセラス ベヌスタム?とスカフィテス。

占冠 ニニップナイ沢。

アンモナイトを同定しよう

アンモナイトを見分けるには

アンモナイトには同種であるはずのものが「全く別物」に見えたり、いくら見ても違いがはっきりせず同じ種類に見えたものが全くの別物だったりすることがある。この同じ種類に見えたアンモナイトが、実は「種」や「属」どころか、さらに上位の分類階級の「科」が異なっていることがある。
生物の分類階級によるとアンモナイトは上から４つ目の目(もく)という階級の呼称だ。さらに先ほどふれたように、科、属、種と細分されていく。例えばチンパンジーはサル目のヒト科のチンパンジー属となり、ヒト科なのかと驚く。われわれ人類はヒト科までは同じでヒト属となる。生物の分類階級の下から二番目の「属」でチンパンジーと人類の違いがある。
ところがアンモナイトの世界では、異なる科や属とされていたものがある日突然「実はこの４つは同じ科でした。しかも同じ属、同じ種でした」となりわれわれアマチュアでは手におえない。
本書では自分で採取をしたりクリーニングしたりしたアンモナイトが一体何者なのか？　と正体をある程度見極めようと試みた。A or B くらいまで分類ができないと面白くないと思われる方もおられるだろう（本項をご覧の際はぜひ大八木和久著『日本のアンモナイト』の9ページからの「アンモナイトの各部の名前」をご参照ください）。

アンモナイト分類の４つの基本ポイント

1 渦巻きタイプか自由巻きタイプか

- 一般的によく見かけるグルグル巻きで渦巻き状のものを「正常巻き」と呼んでいる。この場合、あくまで平面的で互いの螺環（らかん）が密着している。本書ではこれを大八木和久さんが提案されているように「渦巻き」タイプと呼ぶ。
- これに対し「異常巻き」とはある規則にのっとり立体的に形成されたものや、平面的であっても円を描かないもの、または円を描いても螺環どうしが離れているものの総称である。この「異常巻き」という呼称は、20世紀初頭、渦巻き状になっていないものは「進化の異常」とみなされての悪しきネーミングだ。実際、ある大学の化石展示室で訪問者を案内していたボランティアの方が、日本を代表するアンモナイトのニ

渦巻きタイプの例

自由巻きタイプの例

ッポニテス ミラビリスを「進化の末の奇形のアンモナイト、異常巻き」と説明していた。とんでもない話だ。

- 非常に誤解を招きやすいので、大八木和久さんは「自由巻き」という呼称を提案しておられ、本書でもそう呼ぶ。「異常巻き」と呼んできたことへの反省も込めての呼称だ。ただここでいう「自由」とは自由奔放や無規則という意味ではなく、渦巻きという規則にとらわれない独自の規則にのっとっているという意味である。
- 螺環断面で判断するには、一続きの円状に連なっていれば自由巻きだ。渦巻きタイプの断面は何段もダルマを積み上げた形になっている（大八木和久著『日本のアンモナイト』21ページを参照）。

2 トゲや突起があるか

- トゲ、突起のあるアンモナイトは希少だ。採取時に壊さないように慎重を要する。
- トゲ、突起のある代表格は、渦巻きタイプでは、メヌイテス、テキサナイテス、ユーバリセラス。自由巻きタイプでは、ハイファントセラス、エゾセラス、ネオクリオセラス、リュウなどがある。

少し詳しく述べると、

- メヌイテスが属するパキディスカス科のトンゴボリセラス、ウラカワイテス、テシオイテス、またユーバリセラスが属するアカントセラス科の多くのアンモナイト、テキサナイテスが属するコリグノニセラス科のすべてのアンモナイトがトゲ、突起を有する。
- 自由巻きでもツリリテス科のほとんどのものやアニソセラス科のもの、さらにカワシタセラス、シュードオキシベロセラス、パラゾレノセラスなどのディプロモセラス科の一部、またスカフィテス科のものにも突起状のふくらみがある。

トゲの例

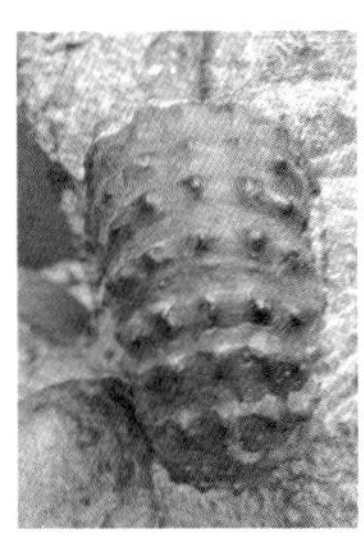
突起の例

❸ 表面が「平滑」か「肋」があるか

- 「肋」というのはアンモナイトの殻の表面に見られる筋（早川浩司著『北海道 化石が語るアンモナイト』＊1）のことだ。細かいものと太いものがある。この肋のないものは一見してツルッとしている。この場合、表面が「平滑」であるという。ただ、肋が非常にまばらな場合も平滑と表現する。
- 自由巻きタイプで平滑なものは棒状アンモナイトのバキュリテスだけだ。
- 渦巻きタイプで、肋がなく表面が平滑なものの代表はダメシテスかテトラゴニテスだ。

さらに平滑なものとして、

- キールのないダメシテスのようなトラゴデスモセロイデス、お皿のようにひらべったいハウエリセラス（殻口部には肋がある）、セノマニアン期ならデスモセラス、カンパニアン期のS字肋があるが平滑なデスモフィリーテス、テトラゴニテスと似ているが腹側（螺環の外側）が鋭角的でヘソがいくぶん小さいシュードフィリーテス、螺環の厚みのあるタナベセラス（以前はガビオセラスと呼んでいた）、ファゲシア、バスコセラスなどがあげられる。

ゴードリセラス ミテ
肋があり表面が平滑でない。

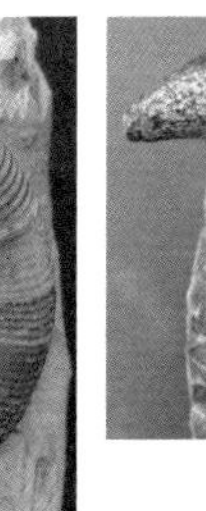

平滑な例 ダメシテス

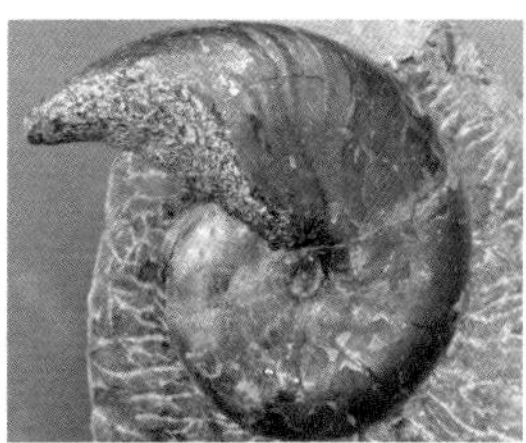

平滑な例 テトラゴニテス ポペテンシス

❹「キール」があるかどうか

- アンモナイトの螺環の外周部は「腹側」と呼ばれる。この腹の真ん中あたりに船底についているような一本の連続した筋状の「盛り上がり」を「キール」または「竜骨」という。キールをもつアンモナイトは少数派だ。
- 渦巻きタイプでキールをもつものとして、テキサナイテスなどのコリグノニセラス科のアンモナイト、モルトニセラスなどのブランコセラス科のアンモナイト、さらにカメルノセラス、ダメシテス、ホルキア、ハウエリセラスがあげられる。
- 自由巻きでキールがあるのは、ユーボストリコセラスに似ているホロタテセラ

アンモナイト同定の着眼点

ス（＊1、p106）だけだ。

これからアンモナイトをはじめる方は、この4つのポイントに注意して、ぜひご自分で採取されたアンモナイトが「一体何者なのか」と同定していくと楽しさが倍増するものと思う。
日本ではアンモナイトの同定に関する総合的な文献も少なく、情報や専門家の同定が二転三転することもしばしばある。そんな中で情報が比較的容易に入手できるものに基づいて自分なりにまとめてみた。多くの誤りを恐れず、アンモナイトの同定を楽しむための一助となればと願う。
本項と図版を交互に見比べながらご覧いただければと思う。

ダメシテスのキール

テキサナイテスのキール

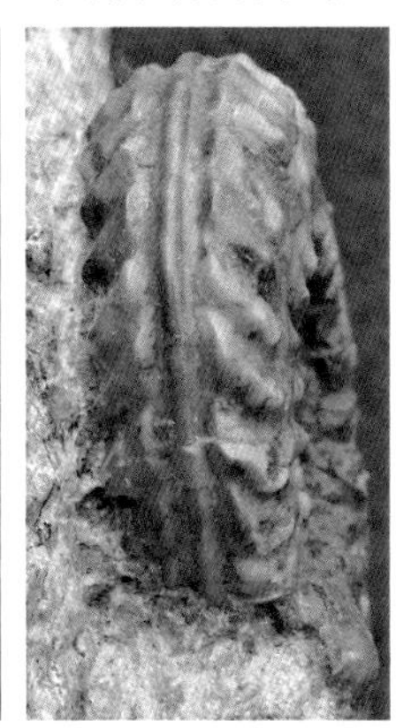

コリグノニセラスの波打っているキール

アンモナイト同定の着眼点

◎同定をするにあたって最大の手掛かりは、どこで、どの年代の地層から採集したかである。また同定をしようとするアンモナイトの大きさも、ときによっては大きなヒントとなる。
◎非常に似た外見をしているが全く異なる年代から産出されるアンモナイトも多い。年代がわかれば同定もしやすい。
◎また特定の産出地からのみ得られているアンモナイトもある。どこから産出されたのかというのも重要である。
◎厄介なのは、よく見かける種で同じような年代に多くのエリアで産出されるアンモナイトだ。こういった多くのアマチュアが戸惑いを抱く種について、手に

科・グループ別の同定ポイント

入るいろいろな文献や、自分で所有する標本を参考に、書き綴ってみた。見当違いがあるのではないかと恐れるが、お気付きの点はご指摘、ご教導をいただければ幸甚だ。

ネオフィロセラス科

サブラモーサム➡①

チューロニアン以降のほとんどのネオフィロセラスは本種。

ラモーサム

サントニアン期からカンパニアン期産出とされるが、サブラモーサムと区別ができない。この２つは同一種ではないかともいわれている。

ヘトナイエンセ

マストリヒチアン期から産出のネオフィロセラス。

ノドサム➡②

カンパニアン期産出の nodos（ラテン語、イボの意）のある種。

①

②

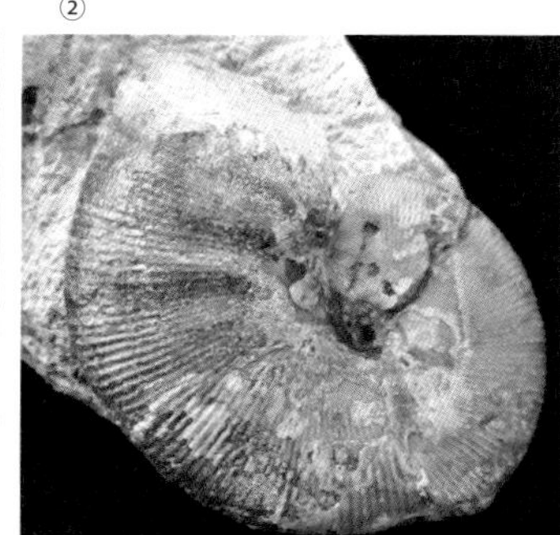

通常種のサブラモーサム（左）とノドサム（右）

ヘソ周辺に突起状の高まりがある。肋があり表面が平滑でない。

ゴードリセラス科

◎アンモナイトの螺環表面の筋を強い順に 主肋 ＞ 細肋 ＞ 条線 と呼んでいる。肋は、主肋も細肋も、盛り上がった筋になっているが、条線は細い線のように見える。

アナゴードリセラスとゴードリセラスの違いを見てみよう。

アナゴードリセラス

主肋＋条線、幼年殻や気室部の表面はかなり平滑。

ゴードリセラス

主肋＋細肋といわれている。
が、なかなか公式通りにはいかない。

アナゴードリセラス リマータム➡①

アナゴードリセラスの代表種。住房部に幅のある主肋が発達している。ゴードリセラス デンセプリカータムの主肋より太く波も大きい。産出はチューロニアン期、特にコニアシアン期に多い。

アナゴードリセラス ヨコヤマイ

成年殻は立派な主肋をもつがリマータムに比べ肋が弱くヘソも小さい。平滑感がある。サントニアン期からカンパニアン期で産出。

アナゴードリセラス ヤマシタイ

一見、ヨコヤマイに似ているが主肋が成長方向に垂直にたっており、しかも殻口部分にアナゴードリセラスにはないはずの細肋があるようだ。サントニアン期産出。

ゴードリセラス デンセプリカータム➡②

住房部の主肋が非常に強く細肋も目立つ。インターメディウムとの明確な違

①アナゴードリセラスリマータム

②ゴードリセラスデンセプリカータム

③ゴードリセラステヌイリラータム

④

⑤

【左】
ゴードリセラス
ミテ

【右】
ゴードリセラス
マミヤイ

いは殻口部螺環高の最大径に対する比が3分の1程度ということ。テヌイリラータムなどと比べヘソは深い。チューロニアン期からコニアシアン期産出。

ゴードリセラス テヌイリラータム➡③

主肋＋細肋の構成が明瞭。S字屈曲が大きく細肋も目立つ。主肋の間隔に不規則感がある。ヘソは大きい。コニアシアン期からカンパニアン期で産出。

ゴードリセラス インターメディウム

殻口部で住房が極端にふくらむ。ヘソが小さく螺環が分厚い。殻口部螺環高の最大径に対する比が2分の1を占める。大型である。

ゴードリセラス ストリアータム

主肋が広い間隔で規則的に並ぶ。主肋の間には弱い筋があり、細肋というよりも条線というべきだ。"striatum" とは「線条」の意。ヘソの大きさは並。

ゴードリセラス ミテ➡④

松本先生の "Notes on Gaudryceratid…" には「60 mm以下の若年殻はヘソが広く浅い。密な細かい線（lirae）で覆われており主肋は幅が細く低い、かつ不等間隔だ」とある（＊2）。若年殻はカエイやテヌイリラータムに似ており化石の状態により識別は困難。密な細線と主肋が目立たないことが手掛かりだ。成年殻は螺環が急速に拡大しヘソが狭くなる。これに対しデンセプリカータムは主肋が太く強いし螺環の拡大率はミテより小さい。コニアシアン期からカンパニアン期産出。

ゴードリセラス マミヤイ➡⑤

テヌイリラータムに似るが、主肋が少なく目立たない。細肋は密度が高くよく目立つ。重田康成さんらの論文の "Discovery of the middle Campanian…" にはマミヤイと断定できないが非常に似たゴードリセラスの特徴として「ヘソがかなり広くやや屈曲した細かく密な条線（lirae）、挿入条線もあり、主肋は不等間隔…」（＊3）とある。カンパニアン期産出。

テトラゴニテス科

◎このグループには、テトラゴニテス、タナベセラス、パラジョウベルテラ、サハリナイテスなどが含まれる。

テトラゴニテス グラブルス➡①

テトラゴニテスの代表種。螺環は「テトラ」が示すように四角形の断面。

平滑な表面にくびれのような肋がある場合がある。殻がない場合にはこれが目立つ。ヘソはやや狭い。大型のものは殻口部がやや丸みをもちラッパ状にふくらむ。チューロニアン期からカンパニアン期。

テトラゴニテス ポペテンシス

螺環のヘソへの落ち込み角度が緩やかでヘソが大きいが、螺環の外側はグラブルスより角張っている。ゴードリセラスに似るが表面は平滑なので見分けるのは容易だ。サントニアン期からカンパニアン期。

シュードフィリテス➡②

グラブルスに似るがヘソは小さく螺環が扁平。サントニアン期からカンパニアン期産出。

タナベセラス➡③

ガビオセラス亜科に属し日本産のものはガビオセラス属からタナベセラス属に改められた。テトラゴニテス同様に成長線が成長方向に凹。パラジョウベルテラの幼年殻との区別が難しい。まずは大きさでタナベセラスはせいぜい2cm程度。またヘソ壁は二段階の傾斜で落ち込み絶壁状のパラジョウベルテラとは異なる。セノマニアン期産出。

パラジョウベルテラ

テトラゴニテスに似るが住房部のしわ状の肋が目立ち、区別しやすい。セノマニアン期産出。

サハリナイテス

ヘソが非常に大きく（ポペテンシスよりも大きい）、標本によっては平滑な表面にも見えるが、有名な二本木コレクションでは住房に明瞭な肋がある。前述の重田康成さんらの “Discovery of the middle Campanian…” には、くびれと非常に細かい成長線がみとめられるとある（＊3）。松本先生の “Some

①　②

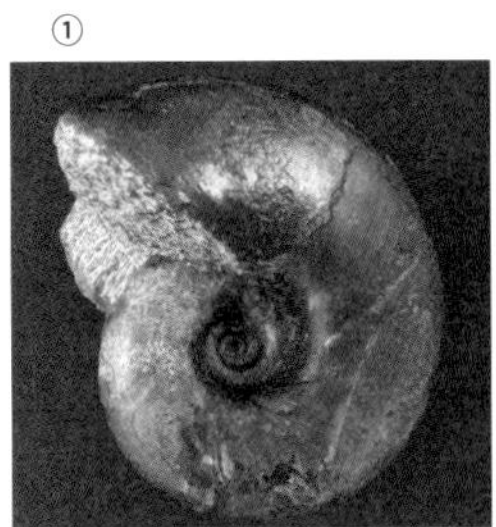

テトラゴニテス（左）とシュードフィリテス（右）
見比べるとヘソの大きさがかなり異なる。

③

タナベセラスミカサエンセ
ヘソへの落ち込みが二段階の傾斜になっている。

ammonites…”（＊5）も同内容。カンパニアン期産出。

コスマチセラス科

◎セノマニアン期の多くのアンモナイトが本科に含まれる。特徴があり見分けやすいものだけを、概略的にまとめた。セノマニアン期以外のものとしてはコスマチセラス、ヨコヤマオセラスがある。

エオグンナリテス

板状肋、くびれ、ヘソ周辺の突起が特徴。セノマニアン期産出。

エオマドラシテス

ヘソ周辺と、特に螺環外周部に数列の突起をもつ。肋も強い。セノマニアン期産出。

ミカサイテス

螺環外側中央にトゲ状突起が並ぶ。くびれが明瞭なものが多い。セノマニアン期産出。

マーシャライテス➡①

細肋が螺環全体を覆い、くびれの目立つ種が多い。セノマニアン期産出。

コスマチセラス➡②

幼年殻は分岐挿入肋が目立つ。後述の松本先生の“…Kossmaticeratidae from Japan”には「コスマチセラスのセオバルディアヌムはフレキソーサム同様、分岐肋より挿入肋が多い」とある（＊4）。成年殻の肋はコスマチセラス セオバルディアヌムのみ前方屈曲がうかがえるが、他の種の肋は直線的。くびれが強い。肋間が広いのでプゾシア類と区別できる。チュー

①

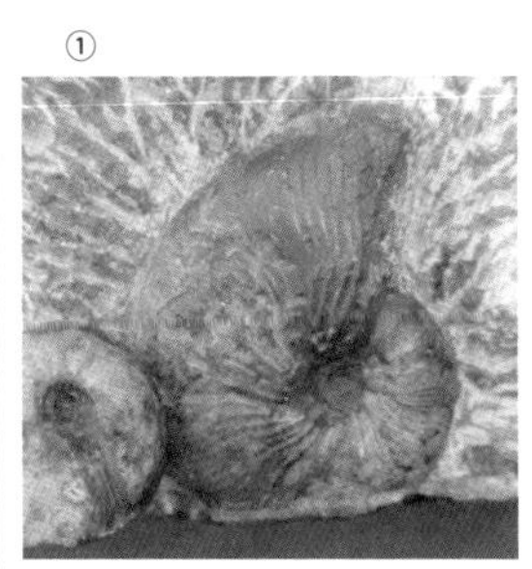

マーシャライテス カンシュワエンシス

②

コスマチセラス フレキソーサム

③

ヨコヤマオセラス ミニムス

両者はよく似ているが、外側の突起で区別が容易だ。

ロニアン期からカンパニアン期産出。

ヨコヤマオセラス➡③

ネオプゾシアがヨコヤマオセラスとしてまとめられた。従来の小型で螺環外周部に突起のあるものを、もとはヨコヤマオセラスと呼び10㎝くらいになるものはネオプゾシアとしていた。小型のラペットをもつミクロコンク、大きいものはマクロコンクとし、いわゆる「二型」と考えられている。チューロニアン期からカンパニアン期産出。

デスモセラス科

◎デスモセラス科には、デスモセラス亜科、ハウエリセラス亜科、プゾシア亜科等が含まれる。よく似ているものが多く同定の厄介なグループだ。

1. デスモセラス亜科・ハウエリセラス亜科

デスモセラス➡①

アルビアン期〜セノマニアン期、特にセノマニアン期で産出される。肋の強さ、螺環の厚み、ヘソの大きさが種分類の着眼点となる。螺環の厚みで、エゾアヌム<ジャポニカム<コスマチ<ラチドルサタムの順となる。

トラゴデスモセロイデス

チューロニアン期で産出する。キールのないダメシテスの感じ。デスモセラスと比べ螺環外側がやや尖った形状でこれをキールと認識される場合もある。

パキデスモセラス➡②

産出年代の古い順に並べると（カッコ内は年代の略称と特徴）、コスマチ（Cen 〜 Tur、分厚い、肋密）、デニソアヌム（Tur、分厚い、長短交互肋強い）、パキデスコイデ（Tur、大型種、肋やや弱い）、ミホエンセ（Con、

①デスモセラス

②パキデスモセラス

③ダメシテス

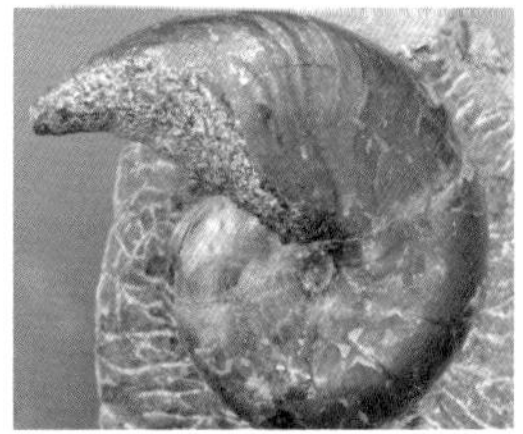

④ハウエリセラス

粗い板状肋）があり特徴がやや異なる。

ダメシテス➡③

産出年代の古い順に並べると（カッコ内は年代の略称と特徴）、アイヌアヌス（Tur、弱肋で平滑）、スガタ（Con ～ San、薄い条線で平滑感が強いがくびれあり）、セミコスタータス（Con ～ San、強前方屈曲肋、鋭角的キール）、ダメシ（San ～ Cam、分厚い、前方屈曲肋）、ヘトナイエンシス（Maa、肋なく平滑）となる。

デスモフィリーテス

サントニアン期～カンパニアン期産出。ダメシテスに似るがキールがない。平滑な表面にくびれ状の屈曲肋がある。

ハウエリセラス➡④

平板状でキールがある。20cm 弱のものをよく見かけるが（マクロコンク）、小さくてロストラムやラペットのあるミクロコンクがあり、二型が存在するといわれている。コニアシアン期からカンパニアン期産出。

2. プゾシア亜科

ハイパープゾシア タモン➡①

アルビアン期産出。太い直線的板状肋をもつ。

オスチニセラス

アルビアン期～セノマニアン期。螺環が薄く細肋が密だが、産出年代が同

①ハイパープゾシア タモン
SW

②メソプゾシア ユーバレンシス

定の決め手となる。

プゾシア オリエンタリス

太い肋と強いくびれがある。ジンボイセラスに似るが螺環が薄い。チューロニアン期産出。

ジンボイセラス➡③

太い肋と強いくびれがあり、螺環が厚い。チューロニアン期〜コニアシアン期産出。ヘソが広い。二型があり、ミクロコンクはロストラムとラペットを有し、マクロコンクはロストラムを有するとある（＊7）。ヘソの壁が円周の一部分のように“丸い”。

メソプゾシア パシフィカ➡④

主肋とくびれが強く細肋が分岐、挿入など変化に富む。チューロニアン期産出。

メソプゾシア ユーバレンシス➡②

螺環高があり住房部の側面が大きく目立つ。肋の前方屈曲が強いが肋自体は弱い。チューロニアン期〜コニアシアン期産出。

③ジンボイセラス

④メソプゾシア パシフィカ

パキディスカス科

◎パキディスカス科には分厚い順に、いわゆるアナパキディスカス（後述のようにメヌイテス属にまとめられたが４本トゲのメヌイテスと区分するためこの項ではアナパキディスカスと呼ぶ）、ユウパキディスカス、キャナドセラス、またこの順に対応してそれらに突起のついたメヌイテス、ウラカワイテス、テシオイテスなどがある。さらにトンゴボリセラス属、パキディスカス属、パタジオシテス属などもあり多様である。

トンゴボリセラス

螺環が分厚く板状の強直肋をもつ。ヘソ周辺などに突起があり挿入肋や分岐肋がある。チューロニアン期からコニアシアン期。コニアシアンを代表するパキディスカスだが希少種。

アナパキディスカス➡①

螺環が分厚く、ヘソ周辺に突起をもつ。非常に分厚く太い肋をもつナウマンニ、突起や肋が弱いスツネリなどがある。コニアシアン期からカンパニアン期産出。

①アナパキディスカス
SW

②ユウパキディスカス
OYG

③キャナドセラス

④メヌイテス

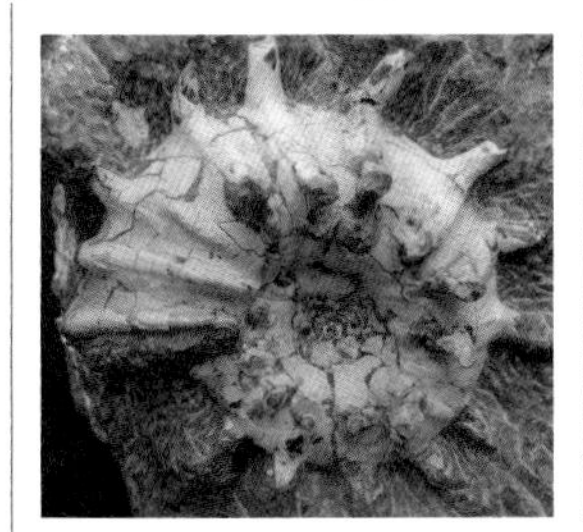

⑤ウラカワイテス ロタリノイデス

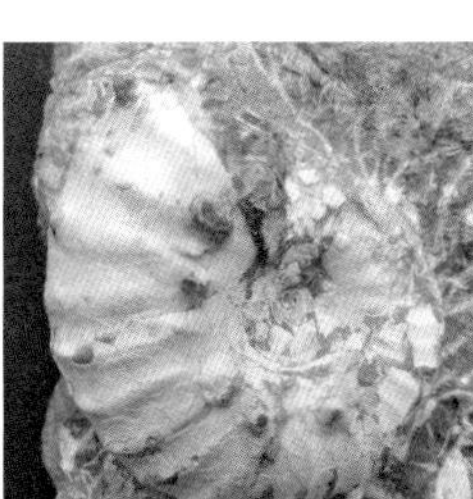

⑥ウラカワイテス ビノダータス

⑦テシオイテス リューガセンシス

⑧パキディスカス ヒダカエンシス
EG

⑨マストリヒチアン期の
パタジオシテス コンプレッサス

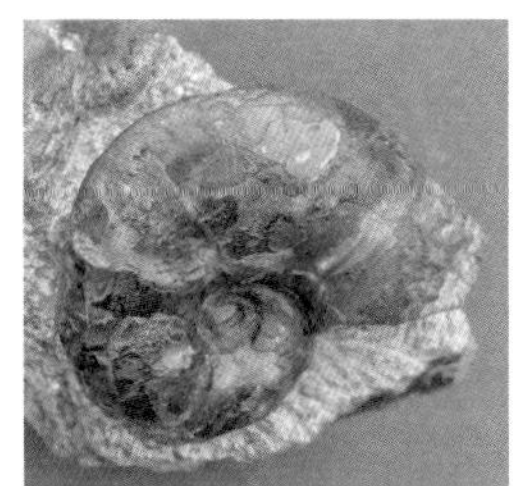

⑩カンパニアン期の
パタジオシテス アラスケンシス

ユウパキディスカス➡②

太い強肋とヘソ周辺の突起が目立ち、螺環がやや薄いハラダイ、螺環がやや厚く細めの肋は密で目立つが、突起は弱いランベルチ、ランベルチと似ていて区別しづらいテシオエンシスなどがある。サントニアン期からカンパニアン期産出。

キャナドセラス➡③

螺環の厚みが中程度くらいのものから、やや薄いものがある。40cm にもなる大型でユウパキディスカス ランベルチに似たヨコヤマイ、その名の通りコスマチセラスに似ていて主肋が板状をなすコスマチ、コスマチに似るが肋が整然と並び螺環がやや角張っているミスティカム、狭い間隔で細肋に覆われていて、まさしくその名の通りのマルチコスタータムなどがある。カンパニアン期産出。

メヌイテス➡④

サントニアン期産出で、4 列の突起が目立つジャポニカス、カンパニアン期産出で一回り大きく突起の疎らなサナダイ、3cm 程度と小型で 4 列の突起が弱いサントニアン期産出のプシルスなどがあり、各種とも螺環は分厚い。

ウラカワイテス➡⑤、⑥

ユウパキディスカスに 4 列の突起がついたアンモナイトだと表現される。突起、肋ともに強いロタリノイデスと弱いビノダータスがある。テシオイテスとの違いは、ヘソの突起が明瞭であること、やや厚みがあることだが、厚みだけでは判断がつかない。またメヌイテスとの違いは主肋が明瞭であること、殻口部周辺の主肋に突起がないこと、一周当たりの突起間隔が密なことなど。カンパニアン期産出。

テシオイテス➡⑦

キャナドセラスに突起がついたものといわれるが螺環外周部の突起は弱く、さらにヘソ周辺については「高まり」の認められるものもあるが突起とは呼びづらい。螺環が角張って厚みの薄いリューガセンシスと丸みがあり分厚いテシオエンシスがある。カンパニアン期産出。

パキディスカス➡⑧

カンパニアン期産出の肋のあるヒダカエンシス、エクセルサスなどとマストリヒチアン期産出の平滑な表面のグラシリス、フレキソーサスなどに大別される。ヘソは中程度からやや小さめ。

パタジオシテス➡⑨、⑩

長短の細肋と一周に5回程度のくびれをもつ。ヘソは比較的広く螺環は薄い。北海道ではマストリヒチアン期からの産出が多いが、占冠ではカンパニアン期からも産出。成年殻では肋が弱く平滑感があるがなだらかな丸みを帯びた螺環側面と、くびれが目立つので同定しやすい。

コリグノニセラス科

◎同定に最も苦しむグループだ。多くの亜科に分かれており、突起の数え方も人により違う。また幼年殻と成年殻でも突起数が異なる。が、一つの叩き台としてまとめてみた。

◎各「亜科」ごとに共通する、若干の例外もあるが、特徴をまとめた。産出年代はアルファベット3文字の略号を用いた。また「鋸歯キール」とは波打ったキールのこと、さらに「2突起」とはヘソとキール横に突起が、「3突起…」では外肩に、以後螺環側面に1つ2つと増えていく。代表種のみ、その特徴の一部を記した。

❶コリグノニセラス亜科…鋸歯キール・肋・2～3突起・Tur～Con

コリグノニセラス➡①

ウルガリ（太直肋）、ブラベジアヌム（前湾曲密肋）、ヘソ突起弱

サブプリオノサイクルス➡②

ミニムス（S字肋、レンズ状、肩・ヘソの2突起）

ライマニセラス

弱S字肋、非レンズ状、キール波数＞肋数

①

コリグノニセラス ブラベジアヌム

②

サブプリオノサイクルス ミニムス

リーサイディテス

ラッツ（太直肋、肩突起大）、エレガンス（薄レンズ状、S字肋）

❷バロイシセラス亜科…鋸歯キール・平滑・1～3突起・Con・レンズ状・ヘソ狭

バロイシセラス

肩突起大、弱肋があるが平滑感あり

シュードバロイシセラス

ヘソ突起が目立つ、非常に平滑感がある

ハルレイテス

肩突起明瞭、ヘソ極小、
やや厚みのあるレンズ状

フォレステリア

強3突起、太粗肋、分厚い

フォレステリア ムラモトイ SW

❸ペロニセラスグループ…3本キール・2突起・ヘソ大・Con

（注）キールは波打たない

ペロニセラス

強粗直肋、突起が肋に吸収されている感あり、螺環が薄い

ズルイセラス

ペロニセラスに似るが、肋、突起ともに極端に弱化

イシカリセラス

2突起が明瞭、キールが1本化

ゴウシエリセラス

イシカリセラスの近縁種、中央のキールのみ明瞭

レイメンティテス

珍しい3突起、3本キール、直肋も明瞭

コバノセラス

本種のみサントニアン期産出、強粗放射肋、3本キール

❹テキサナイテス亜科・プロテキサナイテス属…3突起・San

プロテキサナイテス亜属

ボンタンティー　テキサナイテスのなかでは珍しくキールがやや波打つ、肩VL［venter lateral 螺環外側の肩］突起数がヘソ［U umbilical ヘソまた

はヘソのまわり］突起数の 1.5 ～ 2 倍

アナテキサナイテス亜属➡①

フカザワイ　明瞭にキールが波打つ、螺環側面がふくらみ 4 突起ともいわれる

ノーミィ　キールは波打たない、肩 VL 、ヘソ U 突起強く肋も強い

ミオテキサナイテス亜属

ミニムス　キールは波打たない、キール・突起が強いが肋が弱く平滑感がある

5 テキサナイテス亜科・パラテキサナイテス属…4 突起・Con ～ San

パラテキサナイテス属➡②

コンプレッサス　キール横以外の 3 突起が等間隔に並ぶ、側面が平坦で、肋・突起とも弱い

オリエンタリス　ヘソ広く、肋がやや強い

6 テキサナイテス亜科・テキサナイテス属…5 突起・Con ～ Cam

テキサナイテス亜属

ロエメリイ　5 突起が明瞭で、ヘソがかなり広い、San

プレシオテキサナイテス亜属➡③

カワサキイ　テキサナイテスの代表種、強直肋で肋・突起とも強い、幼年殻は 3 突起、San

サヌシベエンシス　肋は強直肋で粗い、突起も明瞭で穂別のみで産出か？ San

①プロテキサナイテス（アナテキサナイテス）ノーミィ

②パラテキサナイテス コンプレッサス

③テキサナイテス（プレシオテキサナイテス）サヌシベエンシス

7テキサナイテス亜科その他…明瞭なキール

ハボロセラス

ヘソに突起、側面は平滑、弱い前屈肋がある、San 〜 Cam

サブモルトニセラス

ヘソ狭く 5 突起、弱い直粗肋がある、San 〜 Cam

メナビテス

5 突起といわれるが幼年殻は 3 突起、キール横の突起数が肩突起の 2 倍、粗い強直肋、San 〜 Cam

アカントセラス科

◎セノマニアン期に起源をもつアンモナイトのグループだ。何度も採集を試みたが、セノマニアン期のものは、いまだにマンテリセラスとシャーペイセラスの破片しかない。その意味で細部に至る特徴を記す根拠や能力がない。やむを得ず手元の資料に基づき概略のみまとめることとした。

①マンテリセラス SW

②ユーバリセラス ジャポニカム

③シューパロセラス ヤギイ

グレソニテス

ヘソ・肩に強い突起があり粗い直肋がある。螺環断面は角張った長方形でセノマニアン期最下部より産出。

シャーペイセラス

肩・側面・ヘソの3～4突起。肩の突起が肥大化する種がある。螺環断面は長方形で緩巻きの種が多い。セノマニアン期前期。

マンテリセラス➡①

多種で変化に富むが、一見するとアナゴードリセラス リマータムと見まがうほど肋が明瞭。肋上に2～5の突起があるが成長に応じ突起が肋に吸収される。長短交互肋。セノマニアン期前半より産出。

カニングトニセラス

一周に10～12の太い直肋があり、成年殻では肩・ヘソに明瞭な突起がある。特に肩の突起は非常に大きい。セノマニアン期中期産出。幼年殻は側面にも突起をもつ。

キャライコセラス

長短交互肋が螺環を密に覆う種が多い。2～5列の突起をもつが成長とともに弱化する。キャライコセラス属ニューボルディセラス亜属の一部などには肋の粗い種がある。セノマニアン期中期。

アカントセラス

肋上に合計7列の突起をもつ。各突起とも強く粗い。直肋で、挿入肋がある。セノマニアン期中期産出。

ユーオンファロセラス

螺環は分厚く太い明瞭な肋をもつ。主肋の肩とヘソには目立った突起があり、螺環外側（腹）には3列の突起をもつ。またくびれを有するものもある。セノマニアン期中～後期。ユーバリセラス類に進化した。

マンミテス

非常に粗い直肋。肩部にこぶ状突起がある。チューロニアン期前期。

カメルノセラス

ユーオンファロセラス亜科に属し、キールをもつ。キール横、側面に3列、合計4列の突起をもつ。チューロニアン期前～中期。

ユーバリセラス➡②

肋上に合計11列の突起をもつ。螺環断面が非常に丸いオタツメイと断面が四角く肋がひときわ大きく分厚いユーバレンゼ、断面がやや丸みのあるジャポニカムがある。チューロニアン期産出。

オビラセラス

肋上に合計13列の突起をもち螺環が分厚い、ユーバリセラスに似る。チューロニアン期産出。

ネオンファロセラス

肋上に合計9列の突起をもつ。側面の3突起は弱いが肩突起は非常に強い。螺環断面は四角い。チューロニアン期産出。

ローマニセラス

肋上に合計9列の突起をもつが、側面の突起の弱い種が多い。またシュードデベリアヌムは成長に応じ肋に突起が吸収される。チューロニアン期産出。

シューパロセラス➡③

肋上に合計9列の突起をもつ。住房部では特に肋が弱く、全体的に突起も弱い。代表種のヤギイは他のローマニセラス属に比べ、肋が細くやや密。チューロニアン期産出。

（注：突起数について）

「肋上に合計○列の突起を…」と記した場合はいわゆる両面での突起数を表した。螺環外周部（腹）の中央に突起があるため両面の合計数は奇数になっている。

ツリリテス科

◎アルビアン期〜セノマニアン期、特にセノマニアン期からの産出が多い。またサントニアン期からはトリデンチセラスが、チューロニアン期やサントニアン期からもツリリトイデスが産出しており進化の繰り返しなのか、あるいは途中の年代からも類似種が産出されるのか非常に興味深いところである。

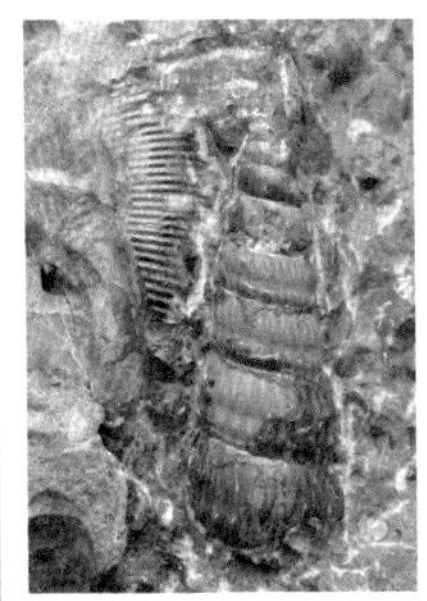
①ツリリテス

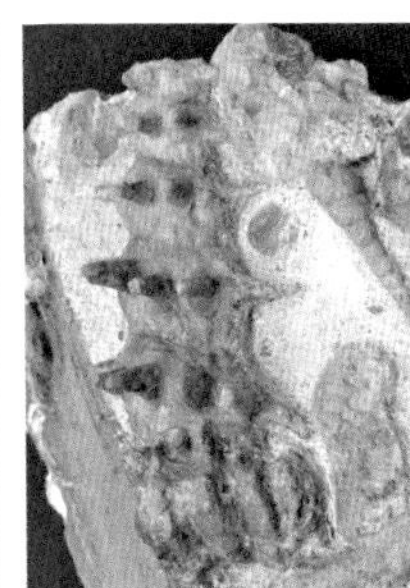
②ハイポツリリテス

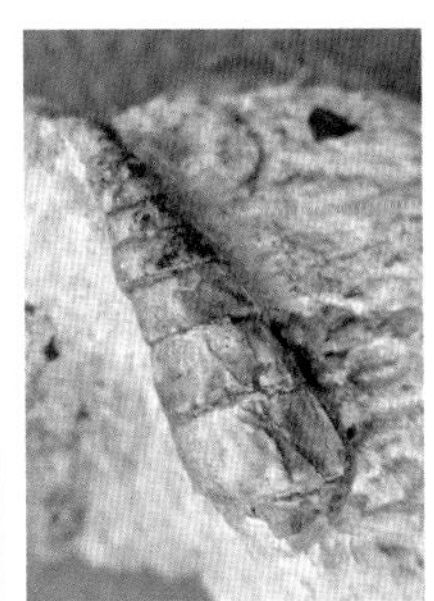
③ネオストリンゴセラス

④マリエラ

◎余談ではあるが Herbert Christian Klinger らの “Palaeobiogeographic affinities of Upper Cretaceous ammonites of Northern Germany” には「コニアシアン期のツリリテス科のトリデンチセラスとセノマニアン期のツリリテスやネオストリンゴセラスの産出地図」が出ておりヨーロッパではコニアシアン期にトリデンチセラスが多く産出しているようだ。

ツリリテス➡①

高い塔状巻きで、4列の突起が部分的に癒合し肋のように見える。コスタータスやコンプレクサスなどは、あたかも肋が真ん中でに分割されているかに見え、この二者の区別は判然としない。セノマニアン期産出。

ハイポツリリテス➡②

塔状巻きで、4列の突起の上側が長くトゲのようになる。セノマニアン期産出。

リンゴセラス➡③

非常に細く塔状巻きになるものが多い。オストリンゴセラスはツリリテス以上に本来の4突起が癒合し薄く密な肋状に見える。ネオストリンゴセラスでは螺環中央にやや大きめの突起が一周当たり16、また下部には小さめの突起が32ついている。セマニアン期産出。

マリエラ➡④

高い塔状巻きだが、巻き半径の拡大率がツリリテスより大きいものが多い。またほぼ等大の4列の突起も癒合せず独立している。セノマニアン期。

トリデンチセラス

マリエラによく似ている。4突起。サントニアン期産出。

ツリリトイデス

突起のあるものやあるいは突起が癒合し肋状になったものなど多様性に富む。主にサントニアン期産出。

ノストセラス科

◎非常に多種多様なグループで、個性の強い形をしているものが多い。それ故、属レベルでの同定は比較的容易だ。希少な種が多くマニアの垂涎の的になっているものを多く含む。

ニッポニテス➡①

ひらがなの「ひ」の字の左右の尖った箇所を丸くした立体的ターンを繰り返し、複雑な形をしている。3種1変種とされ、丸くまとまっている「ミラビリス」、少しまとまりのほどけた「サハリネンシス」、さらにまとまりの開いた「オキシデンタリス」、住房部が大きく広がりフレアードリブが際立つ「バッカス」がある。チューロニアン期〜コニアシアン期産出。

マダガスカリテス リュウ

リュウエラ リュウとも呼ばれ、ニッポニテス ミラビリスやサハリネンシスに4列の突起がついたような形をしている。チューロニアン期〜コニアシアン期産出。

ユーボストリコセラス➡②

バネ状の円錐形をし住房部がU字型をしている「ジャポニカム」と螺環が密着した円錐形をなす「ムラモトイ」などがある。また伸びきったバネ状の「ヴァルデラクサム」がカンパニアン期で産出し、新種とされた。和泉層群カンパニアン期のボストリコセラスもユーボストリコセラスとする考えもある。チューロニアン期〜カンパニアン期産出。

エゾセラス

バネ状の円錐形をしている。細長い円錐形の「ミオチュバキュラータム」

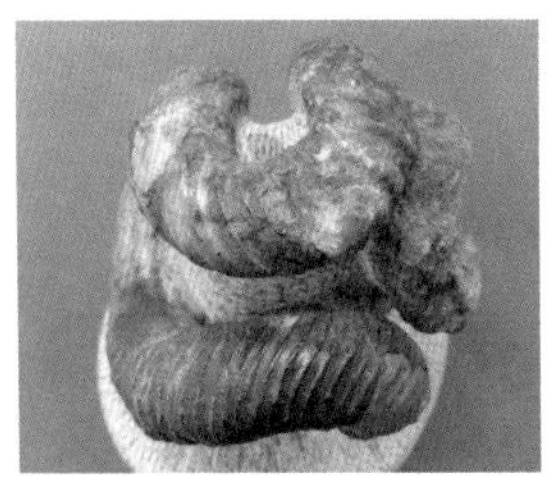

①ニッポニテス

②ユーボストリコセラス EG

③ハイファントセラス

④アイノセラス EG

⑤ノストセラス KN

⑥プラビトセラス KN

と太い螺環が高さの低い円錐形をなした「ノドサム」、このノドサムから派生したと考えられる新種の「エレガンス」がある。いずれも4突起をもち、このうち下側の2列が細長く発達し、形のよく似たハイファントセラス オリエンターレと容易に区別することができる。なお突起列については目立たないものを除き2突起とされることもある。

ムラモトセラス

高さの低い円錐形をした「エゾエンセ」と初期殻に近い部分が、ひもを結んだかのような形状の「ラクサム」がある。肋間が広く粗い肋上に2列の耳のような形をした突起がある。またエゾエンセは円錐の頂点から潜望鏡のように初期殻をのぞかせた形をしている。チューロニアン期前半産出でニッポニテスと共に産することはない。

ハイファントセラス➡③

細長いバネ状の「オリエンターレ」、同じくバネ状だが太く大きい「オオシマイ」、小さくやや伸びた円錐形バネ状の「トランジトリウム」、大きい円錐形をした「ベヌスタム」、大きく円柱形に近い「レウシアヌム」、長楕円から伸びきったバネ状へとなる「ヘテロモルファム」などがある。いずれも突起列は4つで、多くはサントニアン期産出だが、レウシアヌムやヘテロモルファムなどはコニアシアン期からも産出される。

アイノセラス➡④

塔頂部は円錐形に巻き、住房部は巻き平面を90度変えて平面螺旋状に巻く。塔頂部が小さく広い肋間をもつ小型の「カムイ」と、大きめで螺環が太く肋間が狭い「パウシコスタータム」がある。カンパニアン期産出。

ディディモセラス

塔頂部が隙間のある立体螺旋状に巻くタイプと和泉層群周辺では密着して巻くタイプがある。住房部は短めのU字状のフックを形成する。細肋があり2列の突起をもつ。カンパニアン期産出。

ノストセラス➡⑤

塔頂部は立体螺旋状に巻き住房部は大きなU字状のフックとなる。このフックの大きさでディディモセラスとは区別できる。やはり細肋と2列の突起をもつ。マストリヒチアン期産出。

プラビトセラス➡⑥

初期殻は3巻きほど非常に小さな塔状に巻き、その後平面巻きになる。全体がS字型を形成するように住房部がつく。大変ユニークな形をしている。細肋と2列の突起をもつ。カンパニアン期産出。

ディプロモセラス科

◎平面渦巻き状に巻くものや、クリップ状に巻くもの、直線的な部分の多いものなどやはり多彩なグループだ。まっすぐに伸びる部分が途中で折れて産出するので、なかなか正確な姿は把握しづらい。

ネオクリオセラス➡①

螺環同士が少し離れて螺旋状に巻き、螺環断面も六角形にちかい「スピニゲルム」と、螺環同士がある程度離れて螺旋状に巻き螺環断面が円形の「ベヌスタム」などがある。サントニアン期〜カンパニアン期産出。（チューロニアン期からも産出？）

カワシタセラス

シャフトと呼ばれる棒状部分とU字状の部分からなるとのことだが、全体像を目にしたことはない。横井隆幸著『北海道のアンモナイト』によると４列の丸い突起をもつものと、鋸歯状の４列の板状突起をもつものがある。チューロニアン期〜コニアシアン期産出。

スカラリテス➡②

螺環が隙間のある円形の平面螺旋状に巻く「スカ

③ポリプチコセラス

①ネオクリオセラス EG

②スカラリテス SW

⑥ゾレノセラス KN

④ライオプチコセラス

⑤シュードオキシベロセラス

フリメ」、長楕円形に巻く「ミホエンシス」、さらに、はじめは長楕円形に巻き住房部が釣り針状をなす「デンシコスタータス」がある。チューロニアン期〜コニアシアン期産出。

ポリプチコセラス➡③

まさしくクリップのような形状をしている。よく見かける「シードゴルティヌム」、大型の「ジンボイ」、コニアシアンに多く密な細肋の「オブストリクタム」、もとヘテロプチコセラスと呼ばれ住房部が鉤状に開く「オバタイ」、サブプチコセラス亜属で住房部の肋間が広い「ユーバレンゼ」などがある。コニアシアン期〜カンパニアン期産出。

ライオプチコセラス➡④

一見、ポリプチコセラスと見まがうが、初期殻から1つ目のターンで巻き面が90度回転する。また直線的なシャフトの部分もうねっている。殻口部は初期殻と同一平面で波打つ。コニアシアン期産出。

パラゾレノセラス

2019年に発表された重田康成さんらの“Campanian ammonoids and inoceramids from the Ribira River area”（＊8）の「パラゾレノセラス リビラエンゼ」の図版によるとやや内向き加減の初期殻から2つターンをしたクリップ状で、最終のシャフト部が長く伸びるタイプのものや、ターンが3つありシャフト同士の間隔がやや広いポリプチコセラスに似たタイプのものもある。腹側（外向き）に2列の突起をもつ。カンパニアン期産出。

シュードオキシベロセラス➡⑤

やはりシャフト部分とU字状の部分からなるが、これも全体像を目にしたことはない。断片的な標本からは螺環が角張っており大きいサイズのものが多い。全体に密な細肋がありすべての肋上に4列の突起がある。

ゾレノセラス➡⑥

パラゾレノセラス同様に初期殻がやや内向き（住房側）で、ターンをした後シャフトが長く伸びる。密な細肋に覆われ、すべての肋上の腹側に2列の突起をもつ。マストリヒチアン期産出。

スカフィテス科

◎数字の「6」の形をしたアンモナイトのグループだ。1〜2cmと非常に小さく、ヘソが広くラペットをもつエゾイテス属と2〜5cmと少し大きくヘソの小さいスカフィテス属などがある。

◎この2つの属は二型の関係ではないかといわれているが、詳細はつかめていない。
◎スカフィテス類は多産される層準があり、北海道では多産するポイントがあると言い換えることができるが、こういったポイントで「自由巻き」のアンモナイトが採れることが多い。ニッポニテスやリュウエラ リュウが共に産出している。
◎種分類についてはわかりやすいもののみ取り上げる。

エゾイテス プエルクルス

肋が薄く螺環表面が平滑。チューロニアン期産出。

エゾイテス クラマセンシス➡①

明瞭な肋があり、ラペットの付け根が大きい。チューロニアン期〜コニアシアン期産出。

エゾイテス ペリーニ➡②

明瞭な肋をもち、螺環が分厚い。また成年殻のラペットは非常に大きく発達する。チューロニアン期産出。

スカフィテス シュードエクアリス

間の広い直肋で住房部のヘソを覆うようなふくらみは弱い。小平地域や中二股川での産出が多いように思われる。チューロニアン期〜コニアシアン期産出。

スカフィテス サブデリカツルス➡③

住房部では主肋がやや弱まり、密な細肋がある。螺環側面の肋はヘソのあたりで一点に集中しヘソを鋭角的に覆う。チューロニアン期〜コニアシアン期産出。

①エゾイテス クラマセンシス

②エゾイテス ペリーニ

③スカフィテス サブデリカツルス

似ているものの見分け方

コードリセラスの仲間

◎種によっては、あるいは不完全な状態の標本によっては判別しにくいものがある。全く違う科・属でも、幼体や保存の良し悪しでも判別しがたいものが多い。

◎ただ、不確かな判別や種の同定をすべて回避してしまうのは同定の楽しみを放棄するに等しい。「これはどうかな？」というものを自分なりに同定した場合は標本ラベルに同定の根拠を書くようにしている。

◎できるだけ集約し末節の部分を取り去り一覧にしてみた。舌足らずの部分も多々あると思うがお許しいただければありがたい。アルファベット3文字で年代の略号とした。
「A」はアナゴードリセラス、「G」はゴードリセラスの意。

	生存年代	肋の特徴	細肋・条線	大きさcm	その他の特徴
Aリマータム	Tur~Con	住房に間隔のある太主肋	細肋なく気室部に条線	10~15	ヘソ並、肋の高さあり
Gデンセプリカータム	Tur~San	住房に前のめり型の主肋	主肋間に細肋がある	15~30	ヘソやや狭 分厚い
Gストリアータム	Cam	広間隔の主肋	細肋よりも弱い条線あり	5~10	ヘソ並
Gインターメディウム	San~Cam	やや広間隔のS字屈曲主肋	細肋も目立つ 主肋やや弱い	30~40	ヘソ狭、住房が極大化する
Gテヌイリラータム	Con~Cam	ランダム間隔S字屈曲主肋	S字屈曲の細肋が強い	5~10	ヘソやや広 最多産種
Gハマナカエンセ（注）	Maa	疎らなくびれ状主肋	屈曲少ない明瞭な細肋	10~15	ヘソやや広 砂岩より産出
ゼランディテス	Cen~San	不明瞭な主肋が6本/周	密な条線	4~6	外周部が尖ったレンズ状

【注】ゴードリセラスハマナカエンセについて
新種ゴードリセラスホベツエンゼ “Gaudryceras hobetsense Shigeta and Nishimura sp. nov.” の論文により、穂別、中頓別、浜中町等のマストリヒチアン期最前期のゴードリセラスはゴードリセラスホベツエンゼとされている。

テキサナイテスの仲間

◎テキサナイテスの仲間は非常に分類、同定しにくい。その理由として外見上の分類の手立てが「突起の数」に頼るところが大いにあり、突起であるのかないのかの判断が化石としての保存状態やクリーニングの状態に左右されるからである。
◎また、テキサナイテスのグループには成長段階で突起数を変化させるものがある。さらに螺環の部分によっても突起数が異なるものもある。
◎肋の粗さや強さ、ヘソの大きさも決め手となる。前述したが同定の根拠をラベルに書いておくと便利だ。以下わかりやすいもののみ表にまとめた。

	生存年代	肋の特徴	装飾	大きさ cm	その他の特徴
プロテキサナイテス	San	強く分岐肋がある種も	突起数 3（注 1）キール	5~20	ヘソやや広～狭
テキサナイテス カワサキイ	San	強く粗い直肋	突起数 5（明瞭）、キール	5~20	ヘソ広、幼年殻は突起数 3
メナビテス マゼノティ	San~Cam	強く粗い直肋	突起数 5（注 2）（幼年殻は 3）キール	5~7	キール横の突起の数が他の 2 倍
ハボロセラス ハボロエンセ	San	弱く前屈肋、弱い挿入肋	ヘソ肩に突起キール	1~3	螺環薄く平滑

【注 1】プロテキサナイテスの突起数と装飾について

- プロテキサナイテスは 3 ～ 4 の亜属に分かれる。ボンタンティーは挿入肋の螺環外側肩にも突起ができヘソ肩突起数に対し外肩の突起が 1.5 ～ 2 倍ある。
- プロテキサナイテス属アナテキサナイテス亜属のフカザワイは螺環側面の「ふくらみ」をもって突起とみなし突起数が「4」ともいわれる。
- また、同じアナテキサナイテス亜属のノーミィはひときわ肋と突起が強く明瞭な 3 突起型のテキサナイテスだ。

【注 2】メナビテスの突起数について

- 成年殻の突起数が「5」は多くの図版の解説に従った。残念ながらメナビテス マゼノティの明瞭な 5 突起の図版は見あたらない。

プゾシアの仲間

◎プゾシア亜科、コスマチセラス亜科にはお互いに酷似するアンモナイトが多い。単に外見上からは分類、同定が極めて困難だ。産出年代、産出場所が大いにヒントとなる。
◎肋屈曲の強さからM.ユーバレンシス＞M.パシフィカ＞コスマチセラス セオバルディアヌムとなると思う。
◎また主肋やくびれの強さから、強いものだけをあげるとジンボイセラス＞プゾシア オリエンタリス＞メソプゾシア パシフィカとなる。

	生存年代	肋・螺環の特徴	大きさ cm	その他の特徴
メソプゾシア ユーバレンシス	Tur~Con	住房の螺環高があり側面広い。肋は弱く、前方屈曲性大	10~60	ヘソ並、大小二型
メソプゾシア パシフィカ	Tur~Con	住房螺環高がなくやや分厚い。主肋・くびれ強く分岐肋あり	10~60	ヘソ広、大小二型
ネオプゾシア イシカワイ（注）	San~Cam	上記に似るがくびれの前後で螺環や肋の盛り上がりがない	3~10	ヘソ並、大小二型
ハイパープゾシア タモン	Alb	太い直線状の板状肋。細肋は弱い	30～50	ヘソ広

【注】メソプゾシア パシフィカについて
福岡幸一著『北海道アンモナイト博物館』には16㎝のメソプゾシア パシフィカの図版がありそれにはラペットとロストラムがついている。このことからメソプゾシアユーバレンシスと同程度に大きくなる個体があったと思える。また大小二型であったことも容易に推測できる。
【注】ネオプゾシア イシカワイについて
前述したが、イシカワイとほぼ同じ大きさで肋が強いネオプゾシア ジャポニカの2つがマクロコンク、小さくて外肩に突起のあるヨコヤマオセラス ジンボイと突起のないネオプゾシア ハボロエンシスがミクロコンクと考えられた。その結果この4種は「ヨコヤマオセラス イシカワイ」として一つの種にまとめられた。表中では便宜上ネオプゾシア イシカワイと記載した。

ポリプチコセラスの仲間

◎ポリプチコセラス属はポリプチコセラス亜科に属し、この亜科には他にシュードオキシベロセラス属、ライオプチコセラス属、リューガセラ属、ゾレノセラス属がある。

◎特にライオプチコセラスは一見するとポリプチコセラスの破片のように見え、クリーニング時に雑に扱われる。下の表には書ききれなかったが簡単に見分けられる。

ポリプチコセラス……「直線」+「平面ターン」

ライオプチコセラス…「波線」+「立体ターン」

となっている。またライオプチコセラスの殻口部は初期核と同じ巻き平面で波打つ。

	生存年代	肋・螺環の特徴	大きさcm	その他の特徴
ポリプチコセラス	Con~Cam	クリップ状のターンを3回から4回する	6~15	大型種のジンボイあり
サブプチコセラス	San~Cam	住房部での肋の間隔が広く後方傾斜、全体として細長い	10~20	初期殻が住房ターンの外側
ポリプチコセラス　オバタイ（もと ヘテロプチコセラス）	San	住房部が大きく開き鉤状の形状をなす	8~10	
ライオプチコセラス	Con	初期殻から1つ目のターンで巻き面が90度回転する	4~6	殻口部が波打つ

【注】ポリプチコセラス亜科の新属

2012年度の重田さんと西村さんの“A new species of the heteromorph ammonoid *Phylloptychoceras* from the lowest Maastrichtian of Hokkaido, Japan”には穂別のマストリヒチアン最下部からフィロプチコセラス ホリタイが新種として提唱され同種が、ポリプチコセラスを起源とする可能性が示唆されている。フィロプチコセラス ホリタイは、ポリプチコセラス亜科フィロプチコセラス属として分類された。フィロプチコセラスの形状はポリプチコセラスに非常に似ているようだ。この論文は和文でも2013年7月に穂別博物館のプレスリリース「日本および北西太平洋地域から初めてフィロプチコセラス属アンモナイトを発見、新種フィロプチコセラス・ホリタイと命名」として発表されている。なお「ホリタイ」はむかわ竜「カムイサウルス」の第一発見者の堀田良幸さん、我が師匠の名にちなんでいる。

パキディスカスの仲間

◎ユウパキディスカス属やメヌイテス属は同属内でも種によってかなり特徴が異なる。大まかにいってアナパキディスカスと呼ばれていたものは、分厚く肋が弱い。幼年殻や小型のアナパキディスカスはヘソ突起が目立つ。

◎メヌイテスとウラカワイテスは非常に似ているが、ウラカワイテスのほうが螺環全体の肋がはっきりしていて一周あたりのトゲ数も多い。

◎一方でテシオイテスのほうはうっかりしているとキャナドセラスかと思ってしまうほど突起が弱い。

	生存年代	肋・螺環の特徴	大きさ cm	その他の特徴
ユウパキディスカス	San~Cam	前方屈曲する長短の強肋 特にハラダイは肋が強い	8~40	ヘソ肩に突起
アナパキディスカス （注、現在はメヌイテス属）	Con~Cam	螺環が分厚い、ナウマンニは強肋だが他は弱肋	8~40	ヘソ肩に突起
メヌイテス ジャポニカス、サナダイ	San~Cam	肋上に4列の突起、分厚い サナダイは特にヘソ突起弱	5~10	サナダイは 10~15cm
ウラカワイテス	Cam	肋上に4列の突起、やや分厚い、肋が明瞭	5~10	ビノダータスは肋、突起弱
テシオイテス	Cam	ヘソ突起が弱化し螺環外肩のみ突起	5~10	ウラカワイテスより突起弱

【注】アナパキディスカスについて

今でもついついアナパキディスカスと呼んでしまうが、アナパキディスカス属は1990年に発表された *Treatise on Invertebrate Paleontology* でメヌイテス属にまとめられたとされている。メヌイテスというと、どうしてもメヌイテス ジャポニカスなどを考えてしまうので表ではアナパキディスカスという呼称を用いた。

異なった科・属で形状が似ているもの その1

◎下の表に書かれたすべてのものが似ているというわけではなく、表の中の2、3の種や属に似たものがあるという意味で便宜上1つの表にまとめた。ニッポニテス以外は平面螺旋巻きまたは立体螺旋巻きである。

◎ユーボストリコセラスと思ってクリーニングしていたものがニッポニテスであったりあるいはその逆であったりする。クリーニングの途中や断片だけではこの二者は区別しづらい。手掛かりはニッポニテスの立体的「ひ」の字型のUターンである。

◎ 2021年1月にエゾセラス・エレガンスという新種が発表された。ノドサムとミオチュバキュラータムの中間的形態に見える。アンモナイトにはまだまだ新種がありそうだ。

属名	科	年代	装飾等	その他の特徴
ハイファントセラス	ノストセラス	Con~San	4列の突起、円柱形バネ状と円錐形バネ状のタイプがある	円柱形のものは巻き半径が小さい。エゾセラスより肋間隔が疎である。6~20cm
ユーボストリコセラス	ノストセラス	Tur~Con	円柱形バネ状、小型のムラモトイなどは円錐形で巻き螺旋が接する	成年殻の住房はU字状で板状肋をもつ。初期殻がスカラリテス巻きをする種もある
ニッポニテス	ノストセラス	Tur~Con	成年殻の肋の板状が著しい、年代が新しいものほど巻きが開く	立体的U字ターンを繰り返す。初期殻はスカラリテス巻き。4~15cm
スカラリテス	ディプロモセラス	Tur~Con	間のある平面螺旋巻き、螺旋の円形が楕円状のものもある	周期的に主肋が立つ。コニアシアンからは楕円形をなすミホエンシスが産出。4~15cm
エゾセラス	ノストセラス	Con	4列の突起、2列は螺環下部にあり目立つ。ゆるやかな円錐形バネ状	ハイファントセラスに比べ肋が密。ユーボストリコセラスとは下部の突起で判別
ネオクリオセラス	ディプロモセラス	San~Cam	4列のトゲ状突起、隙間のある平面螺旋巻き	スピニゲルムの螺環は六角形のような断面。4~8cm
ムラモトセラス	ノストセラス	Tur	エゾエンセは高さの低い立体螺旋巻き、板状肋に2列の突起あり	ユーボストリコセラス ムラモトイに似るが突起があるので区別しやすい

【注】ユーボストリコセラスの生存年代について

北海道の羽幌や三笠のカンパニアン期の地層から「超緩い巻き髪」という名の「ユーボストリコセラス・ヴァルデラクサム」という種の産出が報告され新種とされた。また、和歌山の外和泉層群のカンパニアン期からもユーボストリコセラスを産する。表はニッポニテスと対比する点においてユーボストリコセラス ジャポニカムを、またムラモトセラスなどと対比する点においてユーボストリコセラス ムラモトイなどを念頭に置いて生存年代をコニアシアンまでとした。

異なった科・属で形状が似ているもの その2

ゴードリセラスとテトラゴニテス ポペテンシスの区別

◎細肋や条線があればゴードリセラスだ。

◎テトラゴニテスは、螺環がその名の通り四角形のように角張っている。螺環外側は潰れてわかりにくいことがあるが、ヘソの壁を見るとわかる。テトラゴニテス ポペテンシスはほんの少し丸い部分があるがヘソの壁の7～8割程度は垂直だ。これに対しゴードリセラスのヘソ壁は丸い。

異なった科・属で形状が似ているもの その3

属名	科	年代	装飾等	その他の特徴
メソプゾシア	デスモセラス	Tur~Con	前方屈曲の主肋、細肋、くびれがある	ヘソの壁は垂直に落ち込む。くびれの前後で肋が盛り上がる
ネオプゾシア イシカワイ（現ヨコヤマオセラス）	コスマチセラス	San~Cam	前方屈曲の主肋、細肋、くびれがある	ヘソの壁は垂直に落ち込む。くびれの前後で肋は盛り上がらない
ヨコヤマオセラス ジンボイ	コスマチセラス	Con~San	前方屈曲の主肋、細肋は非常に弱い。螺環外周部に突起	以前はラペットをもつ小型種を指していたが、上記と同種のY. イシカワイとされる
ジンボイセラス	デスモセラス	Tur	主肋とくびれが非常に強い。くびれ前後の肋の盛り上がりが大	ヘソの壁は丸く落ち込む。大小の二型があるが形状の差はない
キャナドセラス	パキディスカス	Cam	主肋と細肋というより長肋と短肋である。くびれも目立たない	肋の幅がなく板状である。ヘソの壁はやや垂直に落ち込む

異なった科・属で形状が似ているもの その4

ポリプチコセラスとスカラリテス ミホエンシス

◎まずは産出年代だが、スカラリテス ミホエンシスはコニアシアン期だけだ。ポリプチコセラスはコニアシアン期～カンパニアン期で特にサントニアン期に多い。

◎またポリプチコセラスは直線状のシャフト部とU字状のターンから成り立っており全体的に細長い。これに対しスカラリテス ミホエンシスはターンの部分を含めすべて曲線で、全体的な形として長楕円形である。

異なった科・属で形状が似ているもの その5

◎実際に化石採集をしていると、完全な形で産出するのは非常に稀なことだ。化石のある部分だけを見てそれが何なのかを判断していくことになる。希少種であれば、なおさら壊さずに持ち帰り標本に仕上げたいと思う。

◎例えば次にあげる棒状のアンモナイトは、断面が円形のものが「スキポノセラス」で楕円形のものが「バキュリテス」なのだが、「スキポノセラス バキュロイデス」の断面は楕円形だ。が、スキポノセラスにはくびれがあり、くびれのない、あるいは少ないバキュリテスと区別することができる。

属名	科	年代	装飾等	その他の特徴
ポリプチコセラス	ディプロモセラス	Con~Cam	主肋と細肋の両方があるものと細肋のみのものとがある	肋がシャフトに対して垂直な部分が短くターン方向に少しずつ傾いていく
バキュリテス	バキュリテス	Tur~Maa	弱い細肋をもつが平滑な表面をしている。突起をもつ種もある	断面が楕円形である。殻口部はまっすぐで曲がっていない
スキポノセラス	バキュリテス	Alb~Tur	くびれと細肋がある	断面が円形のものが多い。殻口部はやや上向き（推定される生息姿勢）に屈曲
シュードオキシベロセラス	ディプロモセラス	Tur~Cam	密な細肋で覆われそのすべての細肋上に突起をもつ	直線に見える部分でも全体的にはやや曲線を描いている

北海道でアンモナイトを見つけよう

採集に出かける前に

❶日程・行程の予定を立てる

- 数日宿泊するようなときは同じ宿に泊まるのが便利。北海道ではいろんな巡検地をめぐると思うが、そのつど宿を変えると大変だ。荷物をまとめて車に積み込むだけで時間を取られいつも大荷物が邪魔になる。朝の出発も遅れる。
- 雨の日は沢が増水し危険だ。しかも茶濁りの水で石も見えない。雨の日でも行くことのできる林道沿いの露頭、あるいは思い切って博物館見学なども考えておこう。
- 5月から8月の北海道の朝は早い。午前3時過ぎには夜が白み始める。遠距離を歩く場合などには4時過ぎに起き5時ごろに宿を出ることも必要だろう。前夜にコンビニで軽い朝食を買っておこう。
- 沢の中は、暗くなるのが早い。沢の奥にいる場合は、午後4時過ぎには帰路につき無理をしないでおこう。特に曇天時は沢の中は暗くなる。
- 8月下旬～10月は夜明けが遅くなる。早朝出発は無理。また午後4時を過ぎると急速に暗くなるので、事故のないよう早めに沢を出よう。
- 北海道では10月1日から狩猟解禁となる。ハンターが多く入林するので一般目的の入林は許可されないケースもある。入林する際は派手な色の服装をし、林道ゲートに「入林中」の札をするよう求められることもある。
- 10月下旬になると沢を落ち葉が覆い石が見えにくくなるので、化石採集がしづらくなる。

以上を参考にして無理のない旅程、日程をたてるようにしよう。

❷服装について

- 5月や9月、10月は日によってはかなり寒い。防寒対策が必要だ。長袖、長ズボンに雨合羽があればほぼ大丈夫。
- 6月から8月の暑い時期は工夫がいる。たいてい沢で濡れてしまうので、綿の上下が本来は楽なのだが毎日宿で洗濯をする羽目になる。ずぼらな私は下は雨合羽のズボンを着用することにしている。濡れても一晩部屋や車の中で干しておくとなんとか乾いてくれる。上はやはり安全面も含めて長袖が基本だと思う。結構暑い日もあるので、薄手の長袖が楽なようだ。使い古したカッターシャツやホームセンター等で手に入る薄手のウインドブレーカーなどを着用されたらいいと思う。下着のシャツの上に直接着るので寒く感じるときはウインドブレーカーを重ね着する。洗っても2時間で乾く。半袖スタイルにもなれるように、下着のシャツはカラーシャツにしている。
- 半袖にすると暑さの点や動きやすさの点では楽だ。ウインドブレーカーの中に半袖を着て暑さをしのぐこともあるが、虫、ウルシ、怪我などが心配だ。藪のなかを歩くことも多いので、トゲのある植物や熊笹で結構怪我をする。

●足元はスパイク付きの長靴の人が多い。沢にはコケや藻がついた石が多い。沢伝いに岩が斜めに張り出したところは非常に滑りやすくて危険だ。長靴では水が深いと足が濡れるのでアユ釣りなどで使うウエーダーを着用する人もいる。

●帽子と軍手も必需品だ。倒木をくぐるときや、木の枝が突き出ているところなどで頭を強く打ちつけることがある。またブヨや蚊は6月くらいからは恐ろしく多い。ハッカオイルを塗っても効果は続かない。防虫ネット付きの帽子があると便利だ。ホームセンター等で購入できる。破れるので軍手は何枚か必要だ。

❸持ち物と道具

●昼食時間をまたいで歩き回るときには最低500mℓ程度の水がペットボトルで2本は必要。夏場は3本でもいいくらいだ。エキノコックス症に感染する恐れがあり沢の水は絶対に飲めない。

●食料は食べやすく運びやすいものがいい。おにぎり、パンなど。皆さんは「ハンガーノック」をご存じだろうか。長時間活動していると予想以上にエネルギーを使い急激な低血糖になり動けなくなる。私自身も危うくハンガーノックになりかかったし友人もなりかかった。予備食として1つ余分のパンやコンビニで買えるサラミやソーセージを常に持っているといい。

●白い土嚢袋もあるとよい。採集した化石を区分けしてリュックに詰め込むときや、重い化石を沢や林道などの片隅に置いておき、帰りにピックアップするときなどに重宝する。私は1日に数枚は使う。また化石を包むのに新聞紙がいる。

●雨対策で合羽は常に必要だが結構かさばる。山の中なので急に雨が降ることもあり夏場といえどもまともに濡れると寒い。本格的な土砂降りでない限りは、大きめのゴミ袋で十分代用できる。ただ、普通のゴミ袋では小さいしすぐに破れる。大きめで分厚い透明なゴミ袋を買ってきて、首と袖穴をあけておき小さく折りたたみジッパー袋に入れておくと軽くてかさばらない。またタオルは必携だ。

●荷物や採った化石はリュックに入れて担ぐのが基本スタイルだ。安価なものではショルダー部分が切れてしまう。リュックに20～30kgの石を詰めることもあるので帆布生地の丈夫なものを用意しよう。背負子を使う人もいる。リュックの応急補修用に適当な綿ロープもあると便利だ。

●100kgを優に超えるノジュールにアンモナイトが入っていることがある。100kgを担いで帰ることはできないので割らなければならない。こんなとき北海道の人はアンモナイトつるはし（アンツル）を使う。土木工事などで使われているつるはしは尖ったピック状とヘラのようなチゼル状になっているが、アンツルはチゼル状の部分がなく、代わりにハンマー（石頭）状になっていて破壊力がある。しかし長い距離を持って歩くとなると重いしなかなか辛い。飛行機にも持ち込みにくい。そこで３ポンドか４ポンドのハンマー（石頭）とタガネで代用する。４ポンドは1.8kg あるので片手で振るには少し慣れが必要だが、破壊力は十分ある。

- ハンマーとタガネで怪我をすることもある。ハンマーが重いので手元が狂い指を叩く。私はタガネの代わりに小さめのノジュールを割る場合に使うピックハンマーを用いる。尖った部分をノジュールにあてハンマーで叩く。頭の部分が一直線になっているピックハンマーがあれば上から叩いたときに力が逃げないので重宝する。が、ピックハンマーはいたみやすい。
- アンツルには割る以外にもう一つ役割がある。沢の水に半分浸っている大きなノジュールは下面が沢の泥で密着していて動かない。こんなときアンツルのピックを差し込んでテコにして移動させる。アンツルのない場合はバールが必要となる。大きなノジュールを動かさずにそのまま割ればいいじゃないか、と思われるかもしれない。しかし下が泥で軟らかいので上から叩いてもなかなか割れない。
- ハンマーやピックハンマーは沢を歩きながらも、すぐに必要となるのでリュックに入れたままだと不便だ。バランスのとりにくい沢歩きでは片手は空けておくほうがよいが、アンツルかバールを持たなければならないので、ハンマーやピックハンマーは「腰袋」的なものにつるすことになる。ハンマーは

アンモナイトつるはし（アンツル）

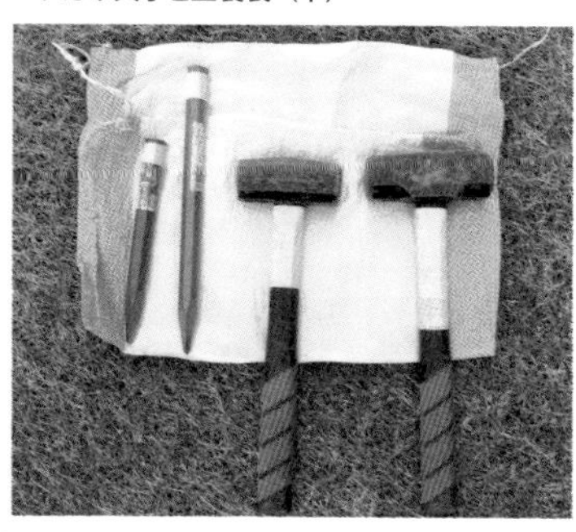
３ポンドハンマーと４ポンドハンマー。
タガネ大小と土嚢袋（下）

大きいので、電動ドライバー用のホルダーを、またピックハンマーは始終使うので引っ掛けるタイプのホルダーを使うと便利だ。藪歩きをするとよく落とすので、ご注意を。

- 今まで自分が使っていたハンマーやバールを見失い捜すのに大いに時間を費やすことがある。使う道具も多いし、泥や水に紛れてしまうこともあるので大変見つけにくい。柄の部分に明るい黄色か白色のビニールテープを巻いておくと見つけやすい。また皆が同じような道具を持っているので自分のものだという目印にもなる。
- ヒグマ対策として、ヒグマ除けの鈴やホイッスルなども必要。熊撃退スプレーなどもあれば心強い。

- 基本的な服装は
  長袖、長ズボン、帽子、防虫ネット、軍手、スパイク付き長靴
- 持ち物をまとめると
  水500mℓのペットボトル２～３本、食料、予備食、
  土嚢袋、新聞紙、タオル、
  雨合羽（代用のゴミ袋）、
  補修用の綿ロープ、軍手の予備、
  ヒグマ対策の鈴やホイッスル
- 道具をまとめると
  北海道タイプ
  アンツル、ピックハンマー
  ビジタータイプ
  ハンマー、バール、ピックハンマー、タガネ

柄と頭が一体型のピックハンマー
左のは頭の部分がやや曲線型。
右のは頭の部分がストレートで尖ったほうをノジュールにあてタガネの代わりに使うことができるがいたみやすい。よく見失うので白いテープを巻いている。

電動ドライバー用のホルダーにハンマーを入れる。
ベルトにホルダーを通しておく。沢の中では足元が悪いので少なくとも片手だけはフリーにしよう。

❹現在地と産出ポイントの把握

- 以前、沢から出て地図にある林道に抜けようとしておよその見当で藪漕ぎをしながら進んでいったが途中で方向感覚を失ったことがある。15年も前のことでGPSツールやアプリが一般化していなかった。これはぜひ利用すべきだ。巡検中にGPSを見ながら地図に書き込んだ化石の産出ポイントなどの情報を整理していくのもオフシーズンの楽しみだ。

❺北海道では毎回ヒグマの足跡を見、そして気配を感じる。ときにはご本人と出合う

- この5年で3回ヒグマと出くわした。林道の入り口で打ち合わせをしているとき数m先の熊笹がガサガサし、ヒグマが出てきて国道を横断した。また林道を歩いての帰り、樹間に見えた「黒いもの」がウォーン、ウォーンと威嚇し吠え立てた。三毛別の小沢では沢の曲がり角の先でヒグマが地面を叩いて威嚇してきた。われわれが数十m後退しても、ついてきて小高いところに上がって立ちあがりこちらをうかがっていた。これ以外にも、まるで大型バイクの空吹かしのような唸り声で吠えられたり、木をへし折って威嚇されたりもした。
- 友人と二人で小沢に下りるとすぐに、大きなノジュールを見つけた。ハンマーを忘れたのに気づき今来た道をよじ登ると、雪解けでぬかるんだ林道に25cmくらいはあろうかと思われるヒグマの足跡が。下りるときにはなかったのでわれわれと行き違ったのだ。師匠の堀田さんが言った言葉が脳裏をよぎった。「ぬかるみの足跡に水が溜まっていないのは、たった今通ったということだ」。友人と慌てて退散したのは言うまでもない。
- 読者の方々を脅かすのが目的ではない。意外と近くにヒグマがいるということをわかっていただければと思う。ヒグマが増えていると痛感する。
- お伝えしたいのは、
  1人では行かないこと。
  ヒグマ除けの鈴やラジオ、ハンドベル等で常に音を発しておくこと。
  ヒグマの痕跡や気配について注意しておくこと。
- とにかく怪我をせず、無事に巡検できることを願うばかりだ。

ノジュールを狙う

●北海道でのアンモナイトをはじめとする化石の産出は、ほとんどノジュールインのかたちである。母岩に化石がクッキリと浮き上がって見つかる場合もあるが、殻が溶けてなくなっており、たとえ掘り出してもすぐに壊れてしまうものもある。ノジュールに入っている化石はクリーニングをして削り出さなければならないが、美しく立体的に保存されていることが多い。

●また、ときには誰かがクリーニングを終えたアンモナイトを置いて行ってくれたのかと思うほど、美しいアンモナイトが岩の上や流木の上にちょこんと鎮座していることもある。まさに天の恵みだ。20年近く北海道に通っているが、そんなことがあったのはたった１回きりだ。もちろん誰かが置いたわけではない。

●だから北海道ではアンモナイトを探すというよりはノジュールを狙って探すのだ。まず、川原に転がっていないか、目に見える水中に埋もれていないか、と探してみる。河床に地層の模様がはっきり出ているところでは、その層に平行にノジュールが露出して並んでいることがある。ノジュールは周囲より硬いので頭を出して並ぶのだ。ノジュールは丸く曲面になっていることもあるし、やや角張っていることもある（早川浩司著『北海道 化石が語る アンモナイト』144ページ）。

●また林道や沢の切り立った断崖露頭にもノジュールが見えることもある。なぜかこの場合のノジュールは丸みをおびたものが多いような気がする。

古丹別 ホロタテ沢
河床ノジュールにアンモナイトの痕跡が見える。ノジュールの周りを掘り起こし無傷で取り出したい。ノジュールの根が深いと一苦労だ。 OYG

北ノ沢
切り立った露頭に丸いノジュールが顔を出している。労を惜しむと化石は採れないがこの斜度だと簡単には登れない。 OYG

どんなところで採集するのか

❶白亜紀の層準の沢を歩く

- 白亜紀層準の堆積岩でも、全く化石のでないところも多い。事前に文献や経験者の情報を集めておくことだ。あまりに古い文献だと訪れた沢がすでにコンクリートで覆われていてがっかりすることもある。
- 沢に入るとまずは石だまりや浅い水の中の石を探す。流木などで石が引っかかりやすいところなどは丹念に。また流路で数十センチの段差があるところは結構ノジュールがはまっていたりする。茂みの根本、小沢の落ち口、枝沢なども探してみよう。
- 直前にビジターの痕跡があり、あたりの石が割られている場合はなかなか採れない。割ってある石の面が変色していなければ直前に先行者があったのだろう。ただその先行者が大型アンモナイト狙いの場合や、おおざっぱに割ってある場合はかえって有り難い。「これがこの沢のノジュールだ」と教えてくれている。先行者の割ったノジュールは良き教材だ。丁寧に小割すると珍しいアンモナイトに出合えることもある。

❷白亜紀の層準の林道露頭を探す

- まず林道は、林務官や林業関係者の方々が通行する「道」だ。石を割り散らかして放置しておくのはやめよう。
- 林道にも比較的ノジュールを見つけやすいところもある。硬い母岩にノジュールがはまり込んでいるところもあるし、雨や雪解け時などはドロ露頭もある。ドロ露頭の場合は、少し表面が盛り上がっているところにタガネやバールなどを突き刺して「カチン」と音がすればノジュールが埋もれているかもしれない。
- 露頭の上から落ちてきたノジュールが林道の側溝に転がっていることもある。また沢に転げ落ちていることもあるので、化石の出た林道露頭の下を流れる沢にはノジュールがある可能性が高い。

❸白亜紀の層準の海岸線を探す

- 稚内の東浦海岸、浦河の井寒台（いかんたい）、浜中の奔幌戸（ぽんぽろと）などが有名だ。漁業者の方へ迷惑をかけないという配慮が必要だ。
- 海岸際の露頭、波打ち際の岩礁帯などが狙い目だ。荒れた後などは、海岸に打ち上げられていたり、消波ブロックなどに引っかかっていたりしていることもある。
- 稚内の東浦海岸での採集方法は、『日本のアンモナイト』で大八木さんが詳しく説明されている。大変参考になる。

どんな風に採集するのか

- ノジュールを見つけたら、まずは沢の水などでよく洗ってみよう。いきなり割ってしまうと化石がばらばらになり回収不能となってしまう。明らかにアンモナイトなどの化石の痕跡があれば、割らないのが原則だ。
- ノジュールの表面に植物の化石片が黒っぽくゴミのように見える場合には、アンモナイトなどの化石が含まれていることが多い。
- 小さな礫を含む基底礫岩層にはあまり化石が含まれていないので、その前後の層を探してみることだ。またザラザラの砂岩にはあまり化石は入っていない。但し、浜中のゴードリセラスはザラザラの砂岩に入っている。
- またよく乾いたノジュールは、黄色っぽく砂岩のように見えるが、いわゆる砂質泥岩であることが多い。見落としてしまう。先入観をもたずにいろんなタイプの石を割るべしというセオリーもある。
- 重すぎて持てない場合は化石の見えない部分から、はつり取っていく。ノジュールをはつり取るには、ピックハンマーのエッジでノジュールをはぎ取るように割る。
- 少し、はつり取れたら、次はそのはつり取った面に打ち込む。ノジュールの外面を打つよりずっと楽に、はつり取れる。
- 何十kgもある、いや百kg以上もあるノジュールにも、化石が含まれていることがある。表面に化石が見えなくても、できたら裏面もチェックしよう。
- 水の中にあるノジュールは水底に張り付いている。バールやアンツルを差し込んで隙間を作ると、てこの原理で動かせる。
- 下が砂地で軟らかいと、ノジュールは割ることができない。下が硬いところに移動させて割る。ここまでに相当時間がかかるので見捨てて次を探すかどうかの見極めが難しい。
- 露頭にはまり込んでいるノジュールも、基本的には同じ作業をする。周りの泥や母岩を取り除きバールなどを突っ込んでノジュールを取り出す。
- 表面に亀の甲羅のように脈が入った「亀甲石」もノジュールだ。その甲羅模様を楽しむこともある。亀甲石にもアンモナイトなどの化石が含まれていることも多い。
- 北海道での化石採集は、露頭からノジュールを引っ張り出すスタイルと、沢や林道などを歩いて「転石」となったノジュールを拾うというスタイルがある。

命を吹き込むクリーニング

エアーチゼルによる化石のクリーニング

- ノジュールや母岩から化石の部分だけを取り出すことをクリーニングといい、その手法については『日本のアンモナイト』で大八木さんが非常に詳しく書いておられる。バイブレペンやミニルーターなどの最小限度の道具でする手作業のクリーニングだ。
- これに対し恐竜などの骨のクリーニングを、テレビでご覧になった方もおられるだろう。
- エアーコンプレッサーとエアーチゼルを利用するクリーニングで愛好者も多い。エアーチゼルも力の強いものは、化石本体から離れた母岩部分を削るのに使い、微妙なエアー圧でも繊細に動くものは化石本体ギリギリまで削るのに用いる。
- 気になるのはエアーコンプレッサーの音だが、65 デシベルの静音タイプも手に入るようになり使用できる機会が増えたといえる。68 デシベルの静音タイプもなかなか静かだ。25 ～ 30ℓで 2 万～ 4 万円くらいだと思う。コンプレッサーに防音の囲いをかぶせて利用するとさらに静かになる。排熱の換気に注意。
- エアーチゼルも多くのメーカーがあり、以前は何万円もしていたが 1 万円前後で手に入るものもある。

では、「命を吹き込むクリーニング」と「精密クリーニング」をご紹介しよう。

「命を吹き込むクリーニング」…クリーニングについての思い

- **古代の生息姿の再現**
- **化石の同定、分類の見極め**
- **後世への情報蓄積**
- **個人的な満足感**
- **好きなものに囲まれた日々のやすらぎ**

こんな思いをもって日々の楽しみとして化石のクリーニングに取り組んでいる。

クリーニング道具、 進め方

❶クリーニング台

（図１）

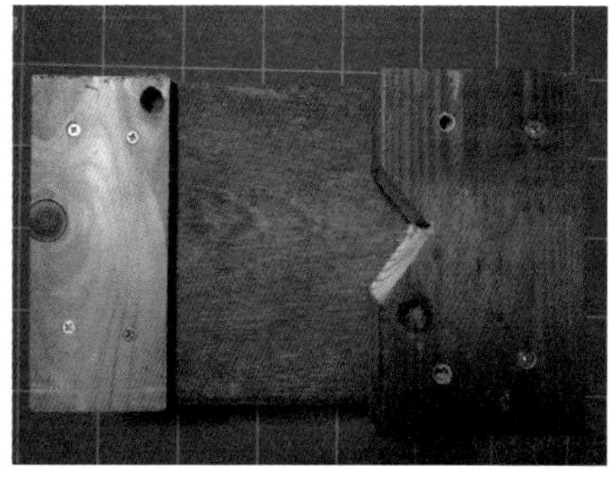

（A）新しく作成した台

（B）使用して劣化した台

今回とりあげるクリーニング道具、方法は一般に記載されている内容と少し異なる道具となっているかもしれないが参考になればと思い記載した。

一般的なクリーニング道具や方法については大八木和久著の『日本のアンモナイト』に記載されている内容を参考にしていただきたい。

◎まずはクリーニングする対象物を置く台（**図１**）

通常は布袋に砂を入れた台を使用するが、今回は（A）のような板と角材を組み合わせたものを紹介したい。板は2cm以上の厚みがあれば使いやすい。板の上に建築用の柱材の縦・横10cm程度で長さが20～30cmのものがあればいいが、写真のものはそれが手に入らなかったので、縦10cm、横30cm、厚み4cmほどのものを用いた。写真のようにV字カットし、クリーニングの対象物を動かないようにする。また板の左端には別の板をネジで固定しておく。全体の縦・横の長さは、クリーニングの対象物により調整する。すべて廃材でかまわない。使いこむうちに板や角材がこすれて(B)のようになる。

（A）は新しく作成した台
（B）使用して劣化した台

同様の考えで“万力”に木材を取り付け、挟んでのクリーニング方法もインターネット情報などで紹介されている。

木材台を使う良さはクリーニング対象物を直接ハンマーで叩くことができ、対象物が小さくても砂袋のように破れたり、めり込んだりせずに使用できることだ。また化石本体にも傷等が付きにくい。

❷クリーニング台を使っているところ

前項の（A）のタイプ… あらかじめ小さめの穴や切れ込みを入れておく。対象物が比較的小さなものに適している。

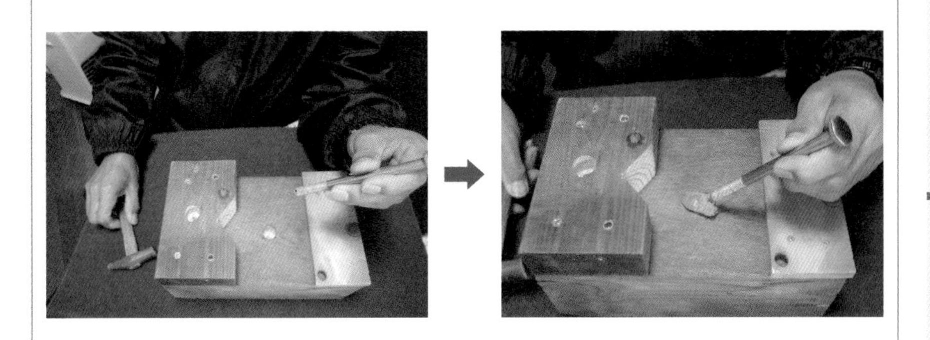

前項の（B）のタイプ…やや厚みのある木を利用して穴を掘り込むなどし大きなものを固定できるようにする。

❸クリーニング用タガネ

（図2）

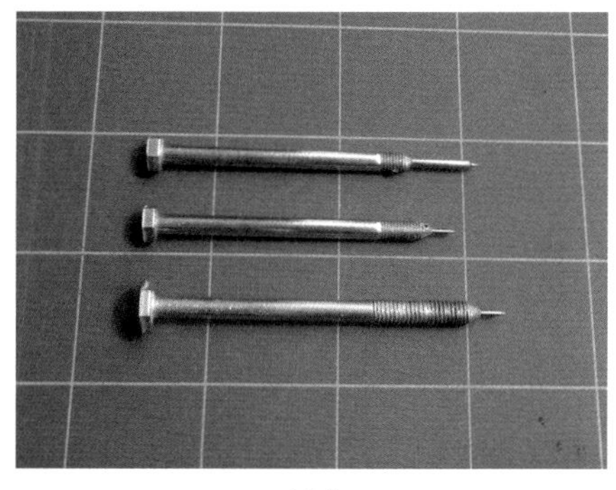

（A）

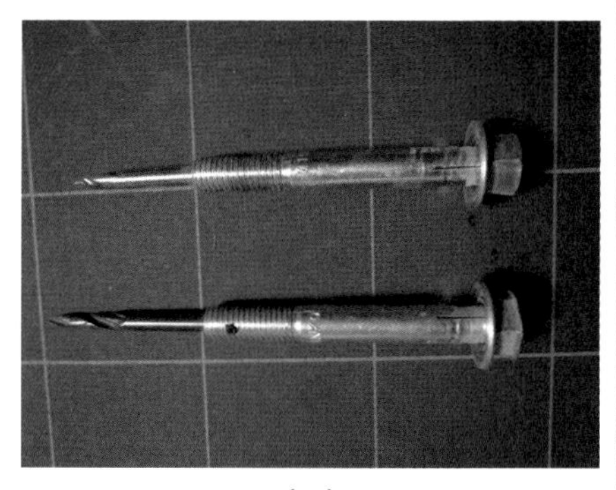

（B）

●クリーニング用タガネとしては（**図2**）の物を使用。

写真（**A**）のタガネは細部クリーニング用の物としてΦ6mm程度のボルト先端にΦ2mmの深さ7mm程度の穴を開け、Φ2mmで長さ25mmの超鋼棒をイモねじで固定した物（加工はボール盤）。

大まかなクリーニング用のタガネとしてはハイス鋼、ドリル刃やコンクリートドリル刃などがあり利用しやすい。

写真（**B**）のタガネは持ち手の延長のためや、短くなったりしたドリル刃を挿し込むためのホルダーに装着した様子。コンクリートアンカーの穴を利用し挿し込んだものである。

❹拡大鏡兼用のゴーグル

保護眼鏡、拡大鏡（図3）
（クリーニング部分を拡大し飛散する石片から目を保護する）

今回掲載した拡大鏡は一般的に販売されているプラスチックレンズを取り付けるタイプだが、クリーニング中、飛散した石でレンズ表面が傷つき見にくくなるため、前面にクリップで留める跳ね上げ式のプラガイドを取り付けた。

プラスチックはスーパーで販売されている惣菜等の容器をカットして活用。透明度の高い物なら何でも可能。

レンズの差し込み口が画像のように2か所あれば、レンズを一枚にし、外側に自作したプラガイドをつけると簡単でいい。

結構石の飛散は多くプラガイドをつけないとレンズがいたんでしまう。

（図3）

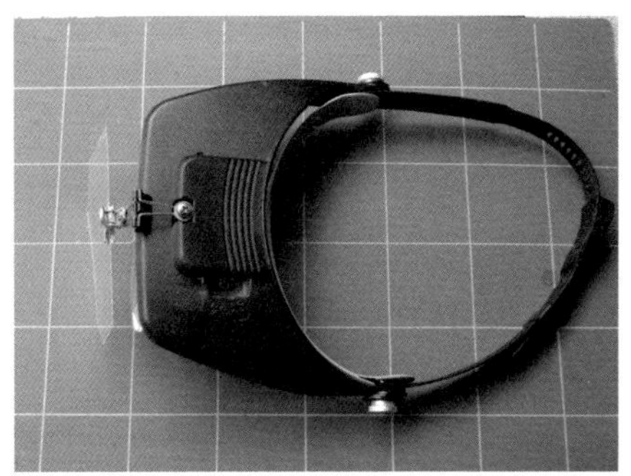

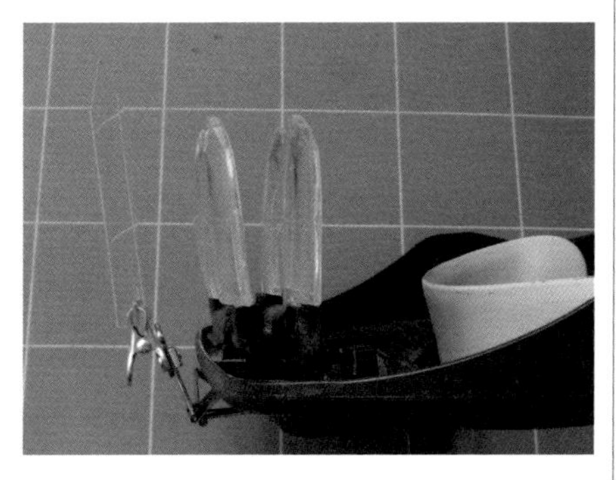

❺重要ポイント

●クリーニングの感覚をつかむため、はじめは柔らかいノジュールを選びクリーニングの対象を理解すること。

➡おおむね新生代第三紀、白亜紀ならサントニアン期のものが、比較的柔らかい。
さらに重要となるのはクリーニングするターゲットの形状をしっかり理解しておくことだ。

➡したがって他の方がクリーニングされた現物または写真を見てあらかじめ頭に入れることだ。そうするとクリーニング実施時に、殻の傾きやうねり等の予測がつき、化石を壊さないでスムーズなクリーニングができる。

●そのためにも、ぜひ多くの博物館等で化石を見て肌でクリーニング後の形状、状況をつかんでいただきたい。

ここで紹介した地球に優しい、またお財布にも優しい道具を作ってクリーニングをしてみてはいかがでしょうか。きっといろんな道具の自分なりの改良点が見つかり楽しみが倍増する。

精密クリーニング

読者の皆さんの中にも、化石を自分でクリーニングされている方は多いと思う。

トゲのある小型のアンモナイトや、甲殻類などのクリーニングがいかに大変であるかはよくご存じだろう。ここでは、私なりのクリーニング手法を紹介したい。

ここで紹介するクリーニングで、どうしても必要となるものは「エアーチゼル＋コンプレッサー」と実体顕微鏡だ。実体顕微鏡といえば高価なイメージがあるが、中古ならネットオークションなどを通じて2万円程度で手に入る。クリーニング用には中古で十分だ。また、一昔前までは「エアーチゼル」は博物館などのプロの使う道具というイメージがあったが、近年アマチュアの間でも使用する人が急速に増えている。比較的安価で手に入るようになったことと、静かなコンプレッサーが普及し始めたことが理由だと思われる。クリーニングに使用する道具としては「サンドブラスター」というものもあって、三葉虫などの超精密クリーニングに使用されるが、これが使える化石は条件が限られる。まだアマチュアで使用している人は少ないだろう。

まず実体顕微鏡だが、ズームタイプがお勧めで使用する倍率は30倍くらいまでだ。できれば対物レンズに取り付ける環状のLEDライトがあると楽だ。

エアーチゼルは、目的に応じて使用する針の太さを変えるが、精密クリーニングに使用するには直径1.2mm程度より細いものが適している。針の先は刃物研磨機などを使用してしっかりと尖らせておくことが重要だ。

また、パワーのあるエアーチゼルをほしがる人が多いが、精密クリーニングに

パワーは必要ない。スムーズに動作することが一番大切だ。

さて、実際のクリーニング方法だが、実体顕微鏡を両目でのぞきながらエアーチゼルで少しずつ母岩を削ってゆくわけだが、結晶化している化石などは、いくら慎重にクリーニングをしてもどうしても細かい部分が飛んでしまうことが多い。1mmにも満たない部品を飛ばしてしまうと捜し出すことはほぼ不可能だ。重要なのは部品を飛ばしてしまわないことだ。

そこで、たとえ割れたとしても飛んでしまわないように工夫が必要になる。その手段として、私は木工用ボンドを多用している。例えば、脆そうなアンモナイトの細かな肋をクリーニングする場合、一筋の肋間をクリーニングできたら、その溝を少し薄めた木工用ボンドをたっぷり使って埋める。隣り合った肋間を一気にクリーニングすることは危険だ。一筋おきに肋間をクリーニングして、まとめてボンドで埋めるのも良い方法だ。また、細いトゲをクリーニングする場合も木工用ボンドが役に立つ。トゲの半面だけをクリーニングし、そこに少し薄めた木工用ボンドを細く塗る。クリーニングできていない部分にボンドが付かないように、爪楊枝などを使っている。ボンドが乾燥して透明になったらいよいよ反対側のクリーニングだ。クリーニングはトゲの付け根からではなく、なるべく先のほうから石を取り除いていく。そうしないとトゲ全体が外れてしまう可能性が高いからだ。

その過程でボンドを塗った部分がもし壊れたとしても、ボンドのお蔭で飛ばずにくっついていることが多い。その場合は、すぐに瞬間接着剤で補修する。ここでも一工夫が必要だ。写真のような先端

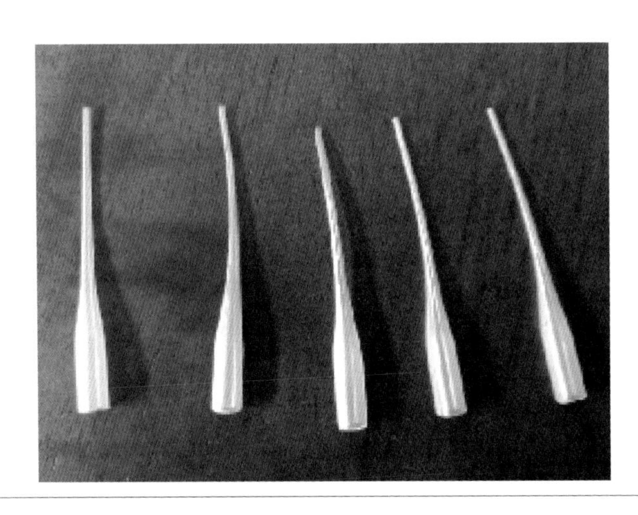

ノズルがネットで沢山売られている。本来はプラモデルなどのホビー用らしいが、100円均一の店などで購入した小さな瞬間接着剤の先に取り付けるものだ。比較的補修部分が大きい場合ならその方法で問題ないが、顕微鏡サイズとなると、その使い方では化石が接着剤まみれになってしまう可能性が高い。細い先端でも、液が予想以上に出てしまうものだ。私は、このノズルを瞬間接着剤の先端に取り付けるのではなく、ノズルだけを単独で使用している。瞬間接着剤容器の口から、このノズルに口移しで、ほんのわずか（10分の数㎜とかその程度）取り出し、それを接着部に付けるという作業をしている。こうすれば、必要以上に接着剤が流れ出ることがないからだ。

顕微鏡下では、この先端ノズルでも太く感じる。さらに引き伸ばして使用することが多い。

最後に仕上げであるが、化石には木工用ボンドがたっぷり塗られているのでこれを剥がす必要がある。その方法は簡単で、ぬるま湯に化石を浸けると木工用ボンドはすぐに白くなって溶けるので、筆などを使って優しく洗ってやるだけだ。

すでにおわかりと思うが、水に浸けるので化石によってはこの方法を使用できない。“洗える化石”というのが条件だ。

作業を終えた後で全体を見るとどこをクリーニングしたのかわからないこともあるくらいだ。しかし、苦労して出来上がった標本は必ずや満足できるものになるはずだ。

読者の皆さんにもぜひチャレンジしていただきたいと思う。

続北海道の産地紹介

上羽幌地域番外編

われわれの巡検記①

逆川地域

逆川巡検を記すにはこの人物ぬきには語れません。大八木和久氏です。現在古希を過ぎておられますが、体力的には40歳代？　精神年齢は20歳代？　万年青年の個性的な方です。

出会いは2007年の近畿の愛好家がアッツリアを求めて日参した高浜和田の地でした。炎天下の現場で岩に腰かけておられる方が大八木氏と気づき話しかけると、氏は大変気さくな方で初対面なのに会話が弾み以降急速に親交が深まり、各産地採集に同行させていただいては化石採集のいろいろを教えてもらい、不肖の押しかけ弟子を名乗ることとなりました。

一方、和泉化石研究会の面々と北海道に遠征し始めた頃とも重なり氏の北海道採集に同行許可を申し出ると快諾してくれました。本に出ていた道内各産地や憧れの逆川大露頭を案内してもらえることになりました。

2010年、大八木氏、守山氏、川辺氏、私の総勢４名。

逆川の目的地まで自転車と徒歩で片道十数キロの道のりに初挑戦です。上羽幌のゲート前に車を止め準備をして出発です。羽幌林道から逆川林道に。途中崩落が何か所もあり、泥だらけになりながら自転車を担いで崩落を越えることに。悪路を自転車で登り下りの行程はメタボな私にはきついです。ヘトヘトになりながらも頑張れるのは、誰かが言った「逆川露頭はパラダイスです。ハウエリセラス、メヌイティス、テキサナイティスは秀逸ですよ」との囁きが耳もとに残っているからです。（欲が頑張らせてる？）そしてやっとの思いで到着すると、そこはまさしく今まで見た中で最大の大露頭でした。露頭は３つあり、すべての露頭はそこそこの角度のある壁で一見して私には手強そう。ここまで来る努力に報いるために、第１露頭を果敢にチャレンジ。が私には無理と潔くあきらめました。角度がありすぎ。大八木氏と川辺氏はスイスイと登って行きます。平衡感覚が鈍ってる？　怖くないのかな？　私は露頭の下のズリ、草叢の中からノジュール、転石を探す地味な作業に専念することに。片や某氏は奇妙な行動に。露頭の最初の５m程は砂礫になっているのですが２m程登ってズルズルとずり落ちるのを繰り返し結局はあきらめ私の仲間に。

結局初めての逆川はハウエリセラスの３cmミニサイズを２個確保で許しておきました。私には貴重な一品です。他の方が何をゲットされたのかなぜか記憶にありません。

露頭到着までの苦労に対して成果は報われませんでしたがよくある話です。

帰路は白地畝まわりの別の厳しいルートとなりました。そして七つの魔界トンネルを抜けて出発地に何とか帰り着きました。大八木氏はこの厳しい行程を毎年１回は１人で行かれるらしいです。まさしく鉄人です。

幌加内地域

❶共栄砂金沢

- かなりアプローチの手間取る沢だ。国道239号線と275号線の合流点を275号線で北上し朱鞠内トンネルを越えて600mほどで「共栄林道」を左折。とにかくこの入り口がわかりにくい。国道の合流点付近には、食事ができそうな店舗があった。
- 地形図では、途中で林道が途切れているが、共栄砂金沢のゲートまで道がある。その道を雨竜川のコの字形の蛇行沿いに3kmほど進むと、共栄砂金沢に行き着く。すぐにゲートがある。林道は雨竜川や共栄砂金沢の北側の土手沿いにある。このゲートまでの道はよく整備されていて、ここまでは確実に車で行くことができる。ゲート後も1km程度は林道の状態も良かった。
- 入林許可書には鍵のナンバーが書かれている。鍵を開けて車で行ける限界まで進んでみたが、おおよそゲートから2kmくらいまで行くことができた。
- 林道では必ず車を反転させ帰りの脱出方向に向けること。千歳化石会の千代川さんが何度も教えてくれた。もちろんヒグマ対策のためだ。
- ここから最初の化石の産出ゾーンまで2km。このあたりは第三紀のはずだがセノマニアンのグレソニテスが出ているらしい。残念ながら確認できなかった。さらにここから1kmほどでセノマニアンの多産層に入るが、川の中を2km歩いたが、進むのに林道の倍以上の時間がかかる。9月の末だったので、午後3時半にもかかわらずもう周りは暗い。車まで1時間では戻れそうにないのでセノマニアン多産層を目前にして巡検を断念した。時間があればグレソニテスに出合えたかもしれない。有望な沢なのでいつか再チャレンジしたいと思う。

林道入り口は地図外。国道275号線、朱鞠内トンネル北東約600 m。
楕円で示した部分はMy3のセノマニアン多産層。

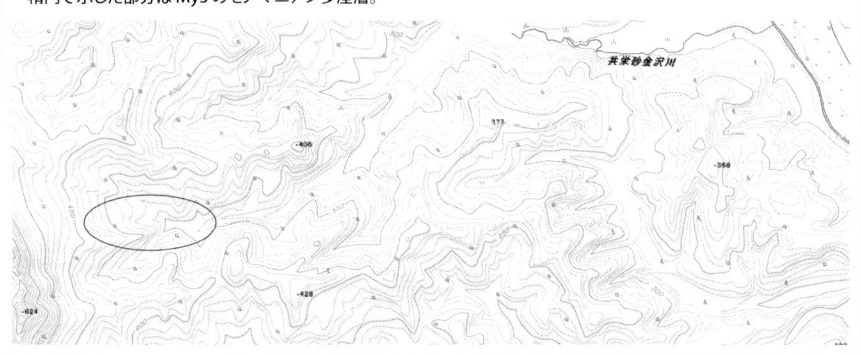

幌加内地域

❷スリバチ沢

- 国道239号線からスリバチ沢沿いに北上する林道がある。沢の間近まで車で行くことができるが、アクセスの良い沢なので、ビジターが多く大物の収穫は難しい。
- 丁寧に転石を見ていくとマリエラを見つけることができる。
- ゲート横の空き地に、ハンターがシカの肉を放置していることが多く、ヒグマが居ついている可能性がある。くれぐれもご注意を。
- 地図中の楕円で印をしたあたりが実績のあるポイントだ。マリエラ、パラジョウベルテラ、デスモセラス、ハミテスなどを得ている。

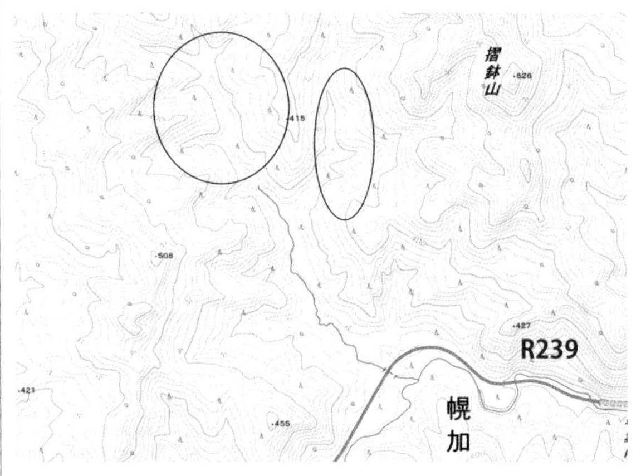

スリバチ沢の
大きなサルノコシカケ?

共栄砂金沢の林道を行く。

芦別地域

❶幌子芦別川

- 国道452号線の三段滝公園の南200mのところとさらにその南300mのところに芦別川を渡る橋がある。橋を渡るとすぐに幌子芦別川沿いに舗装道路があるが工事のためのゲートがあって、車を通さないこともある。
- そのゲートから2～3kmほどで下幌子沢がある。このあたりからはぼちぼちと化石が採れ、ユーバリセラスなども産出している。
- ゲートより11個目の橋の左手、おおよそゲートより4kmの地点に金網で覆われた露頭があり、足元にノジュールが転がっていることもある。下の地図中の○印の地点だ。ニッポニテスやオーム貝などの産出が確認されている。スカフィテスなどが無数に入ったノジュールも多いがやや石が硬い。
- さらに幌子芦別川を400mほど上流に進むと、北岸に大きな露頭がありアナゴードリセラスなどの産出が多い。この露頭の上流300mほどのところに枝沢があり、その周辺も化石の産出が多いが、これ以上先には行ったことがない。車がなければもう限界の距離だ。

❷惣顔真布川

- 幌子芦別川から国道452号線を南に2kmも行かないところに惣顔真布川沿いの林道がある。上の地図の□印のところが林道の入り口だ。ゲートがすぐにあるが入り口周辺はあまり採れない。1kmも行かないところに沢に下りやすい地点があり、このあたりから化石の産出が期待できる。
- コニアシアン期の層準だ。横井隆幸著『北海道のアンモナイト』にあるイシカリセラスが産出した沢だ。奥の深い沢なので時間をかけて採集をすれば成果が期待できる。

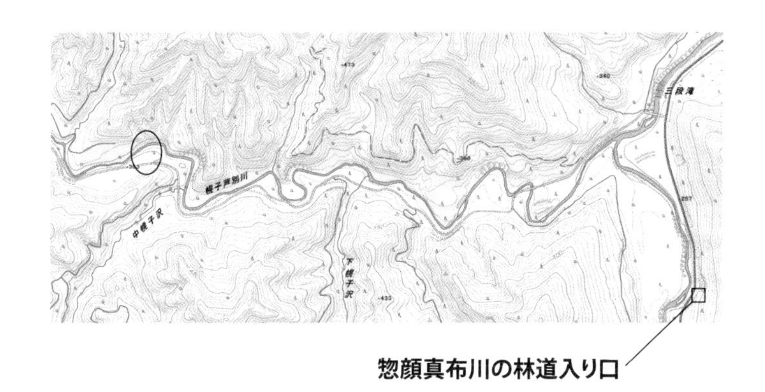

惣顔真布川の林道入り口

芦別地域

❸芦別川本流松山橋

- チューロニアン〜コニアシアン期の化石が採れる。アナゴードリセラスやリュウエラ リュウなどをはじめ自由巻きの産出も多い。
- ここでの一番の問題は上流のダムの放水があることだ。タイミングによっては激流になっている。放水時は芦別川には入れない。
- 地図中の□印のところが「松山橋」だ。車を止めるところもあり、川に容易に下りることができる。それ故、ビジターが多く収穫が期待できるか否かは「時の運」といえる。
- 松山橋付近の上流、下流のそれぞれ400 mくらいの範囲で化石の産出が特に多い。

芦別川 松山橋付近

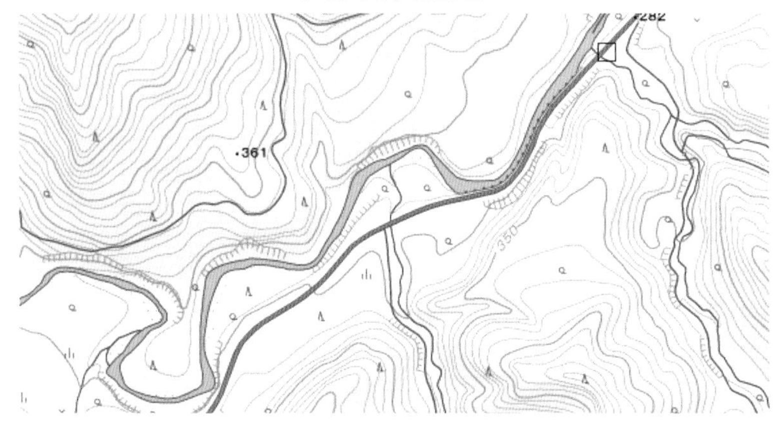

松山橋から200 mほど上流の芦別川

ダムの放流もなく珍しく水量が少ない。残念ながら直前に訪問者があったようで成果は今一つだった。

三笠地域

❶上一の沢

- 国道452号線の桂沢湖北端あたりに上一の沢に下りる林道がある。すぐにゲートがあるが林道を車で行くのもいいし、歩いて沢を上ってもいい。
- 上一の沢の本流には、左右からの枝沢よりいろいろな年代の石が運ばれてくる。おおむね本流の東側はサントニアンで、本流周辺がコニアシアン、西側はチューロニアン～セノマニアンの層準になっている。
- 本流も広く枝沢も多いから、直前のビジターがあったような場合は簡単にポイントを移動できる。
- また見通しがいいのでヒグマとの遭遇も回避できそうだ。はじめて北海道で化石採集をしようとお考えの人にはお勧めのポイントだ。
- デスモセラス、ツリリテス、アナゴードリセラス、サブプリオノサイクルスなど多種のアンモナイトを得ている。
- 産出エリアが大変広いので何日もかけて巡検することができる。また三笠の博物館や市街地にも近いので、その点でも便利だ。

上一の沢林道入り口付近
□印のところが林道入り口

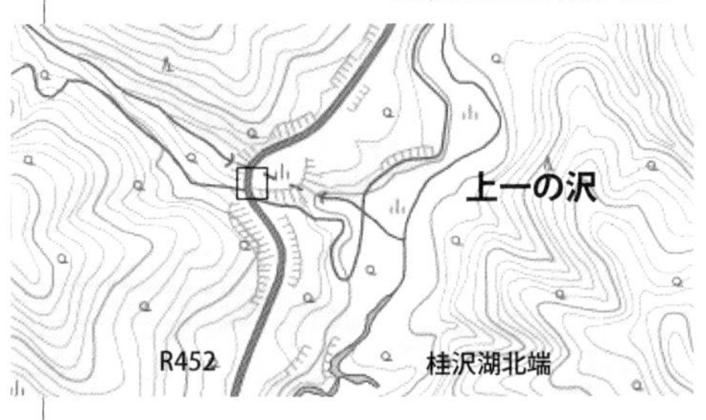

上一の沢林道のゲート

上一の沢

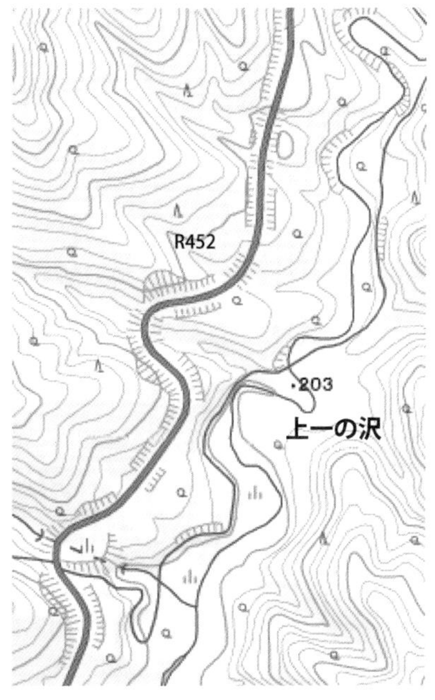

三笠地域

❷左股沢

- ここも国道452号線からすぐに林道に入ることができる。ゲートがあり入林許可があれば車で入っていけるが、シーズン初期は林道のコンディションが悪い。
- ゲートより徒歩15分で沢に下りる崖があるがやや急だ。あと10分ほど歩くと少しは楽に沢に下りられるところがある。ここを下りるのがお勧めだ。下りきったこの露頭からも30cmほどのプゾシアが出ている。
- 沢を化石を探しながら1時間ほど歩くと、左手に芝を敷き詰めたような緩やかな斜面がありここから林道に上ることができる。
- が、本命ポイントはここからで、先ほどの斜面の少し先でアナゴードリセラス、エゾセラス、ハイファントセラスレウシアヌム、ゴードリセラスデンセプリカータムなどを得ている。
- 左股沢の本流をさらに1時間ほど歩くと、沢と林道が交わるところがあり戻ることが容易にできる。
- まだまだ産出ゾーンが続くらしいがこの先は行ったことがない。先ほどの沢と林道の交わる地点でフレアードリブの立派なニッポニテスの住房を拾った。
- 「左股沢の上流部ではニッポニテスのでるポイントがある」と聞いたことがある。そこから流れ着いた転石かもしれないが、未確認の情報だ。
- このエリアは非常にヒグマの多いところで、ここ数年で2回見かけた。訪問するにはヒグマに対する注意を怠らないことだ。

お勧めの沢に下りる地点

左股沢林道入り口

お勧めの撤退地点

三笠市

左股沢

林道から左股沢に下り立った地点（お勧め地点より）

三笠地域

われわれの巡検記②

三笠地域

我が仲間は皆仕事をもちながらの巡検なので、往復に飛行機使用。金曜始発、月曜の最終便の弾丸巡検です。巡検初日の午前中は、移動・諸手続きに取られてしまい、どうしても午後からの巡検地は千歳から高速道があり、移動距離の少ない産地が候補になります。三笠、夕張、穂別は最適なエリア。その中で特に三笠地区は、有名・無名の沢が多く、よくお世話になったのは、稲荷、上一、左股、奥左股、夕張越え、奔別、ホロモイ、岩石、覆道上などです。車を止めて沢までのアプローチが短いのも魅力です。

三笠地区ではこんなこともありました。夫婦で民宿アンモナイトに泊まり、今は亡き角田氏に秘密の沢？　に案内してもらった時に芦別ダムの雪解け水の放流にあい溺れかけ、瀕死の思いをしました。その角田氏に2006年には左股エリアを皆で案内してもらって大収穫があったことも懐かしい思い出です。三笠、夕張の石は硬く、うまくいけば良いものが完品で保存されています。私は苦手です。この硬い石でも超絶技術を駆使されクリーニングされる方がこの世界で多いのは驚きです。わが仲間でも小西氏は顕微鏡下で1つに200時間かけるこだわり派。曾和氏は機器を独自カスタマイズされてクリーニングを。守山氏は老眼鏡を利用して特殊眼鏡で昔ながらのゴッドハンド駆使。周りから見ればどう見ても偏執狂的な世界です。

そんな三笠エリアで、一度だけ皆がノジュールゴロゴロに出合ったことがあります。稲荷の沢です。過去には残雪を踏みしめて林道を歩き、普段は届かない露頭に雪のおかげで登れてノジュールを引っ張りだし、テキサナイティスをゲットしたこともありました。あの最終日は搭乗時間を考慮して予測がつきやすい慣れた稲荷を選択。沢に入ると割った形跡なし。こんなこともあるんだと皆嬉しそうに石を選んでいます。私はメヌイティスがほしかったんですが、ネオフィロばかり。それまで貧果だったのが最終日に皆十数Kgのお土産を確保し笑顔に。

その他記載できませんでしたが、何度も訪れた上一の沢や左股・奥左股、ホロモイの枝沢、奔別や岩石沢で各人が黒色のスカフィテス、エゾイテス、スカラリテス、バロイシセラス、フォレステリア、ニッポニテス、ユーバリセラス、ハイパープゾシアタモンなど各種、希少種をゲットしました。

三笠エリアはほんとに奥が深いです。道内の人が羨ましいです。立派な博物館もあるのも納得です。まさしく聖地です。まだ訪れていない、訪問したい沢がいっぱいありますが今後の楽しみに取っておきます。

大夕張地域

❶上巻沢

- 大夕張を代表する沢だ。国道452号線から東向きに、沢沿いの林道がある。入林許可書があれば少し奥まで車で入ことができるが、随所で道がぬかるんだり崩落したりしている。
- ゲート付近からすぐに沢に下りてもそこそこの収穫はある。ゲート付近はチューロニアン～コニアシアンの層準。
- ゲートから2㎞弱のところに露頭が続き、アナゴードリセラスやメソプゾシアなどを得ている。
- さらに進み、赤っぽい錆止めを塗った橋を渡り、少し小高いところを1kmほど歩くと林道が崩れて沢と幅広く交わっている。広い川原や中州がありアンモナイトを含む転石が多い。
- 対岸に渡り林道をさらに20分ほど歩くと、また林道と沢が交わる。沢を渡り林道を100ｍほど行くと露頭がある。有名な上巻沢のニッポ露頭だ。といってもニッポニテスがゴロゴロしているはずもなく、数名が延べ何十回も訪れたが、ニッポニテスは「北海道産地別 特色のあるアンモナイト 夕張」の図版に載っている曾和さんが得た1つだけである。
- このあたりまでくると、あまりビジターの気配もないが、アプローチが長いので採集時間との兼ね合いで行程の限界と思える。

ニッポ露頭直下の上巻沢

大夕張地域

❷白金沢

- 大夕張のもう一つの代表はやはり白金沢だ。いままでどれほど多くの化石愛好家が訪れたことだろう。シューパロ湖の湖水面が上がって、白金沢の入り口付近の産出ゾーンが水没したとはいえ、一度は訪れてみたい。
- ここも非常に見通しの良い沢で北海道の大自然を満喫しながら化石採集ができる。ルートマップのペンケモユーパロ川沿いまでは夕張岳ヒュッテへのルートなので、よく整備されている。おそらく林道と白金沢の合流点の橋までは、車で行けるだろう。
- この橋のたもとは広場になっておりここに車を停める。沢を下るとチューロニアンで、上流に少し向かって行くとセノマニアンの層準となる。いずれもそこそこの収穫が期待できると思う。

穂別・平取地域

❶穂別 マッカシマップ沢

●穂別で最も有名な沢だ。サントニアン主体の層準だが西側から流れ込む枝沢の上流部はカンパニアンもあり一部マストリヒチアンの層準もあると聞いている。

●佐主橋の東に沢沿いの道があるが、私有地なので立ち入りは厳禁だ。入り口には鍵もかかっている。

●佐主橋の西側で、穂別川を渡ると（少し深いが）コニアシアンのゾーンがあり20年近く前には直径1mほどの大きなノジュールが転がっており、それを半日かけて割るとペロニセラスが採れたそうだ。その話を堀田さんからお聞きしたのが、16年ほど前だが、大きなノジュールは跡形もなかった。ただペロニセラスの破片は確かに拾った。

●この沢の入り口から300 mのところに、セノマニアンの層準がほんのわずかにある。

●さらに500m ほど進むと西からの枝沢がありノジュールも採れる。層準はサントニアン。

●そこから沢を1km ほど上ると、2つ目の西からの枝沢がある。有望な枝沢だが第三紀とカンパニアン期が交じる。

●本流を1km と少し上ると東岸に青っぽい露頭がある。セノマニアン期がわずかに顔を出した露頭で丁寧に探ればノジュールが見つかる。

●さらに1km ほど上ると源流部で、セノマニアンの層準となる。小さいがノジュールが見つかることが多い。

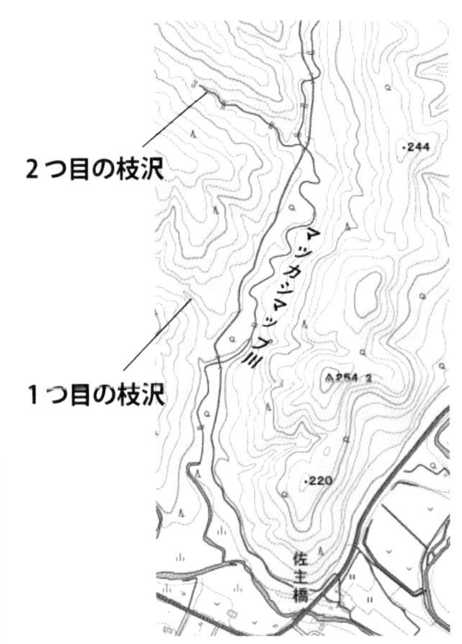

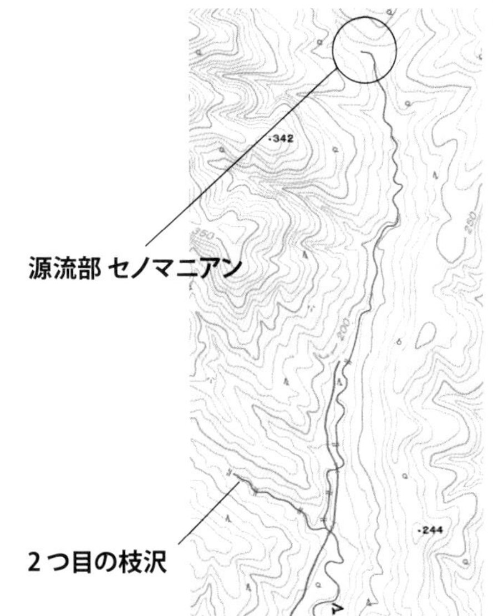

穂別・平取地域

❷平取 藤内沢（トウナイ川）

- マストリヒチアンの沢としては北海道でも指折りの沢だ。国道237号線を長知内で北側に曲がる。トウナイ川の東岸と西岸の両方に道があるが西岸の道を1kmほど進んで沢に下りる。
- トウナイ川の西側はカンパニアン期で、東側はマストリヒチアン期だ。残念ながらカンパニアン期のエリアでは巡検をしたことがない。
- トウナイ川を渡り最初の枝沢、2本目、3本目と枝沢が近接しており、どの枝沢も結構急峻で雪解け直後などは沢が泥で埋もれることもある。春先すぐに訪れるのはそういう意味でお勧めではない。
- パタジオシテス、ノストセラス、ネオフィロセラス ヘトナイエンセなどのアンモナイトの他にアニソマイオン、シュードペリシテスなどが採集できる。
- 国道237号線沿いには食事をするところやコンビニがある。また海沿いの国道235号線付近は買い物や宿泊のできるところも多く化石の産地としては便利なところだ。

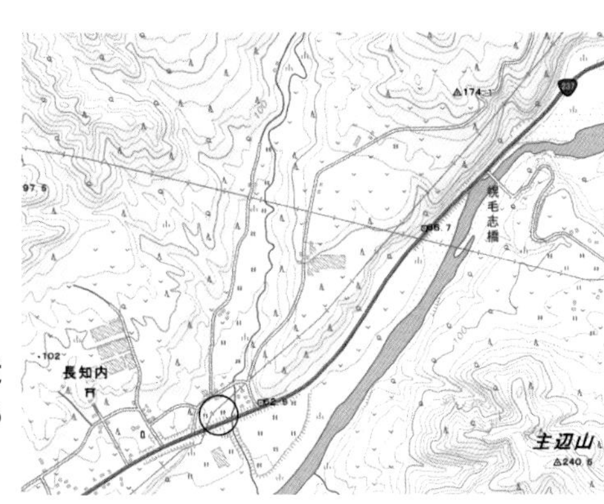

トウナイ川入り口付近
○印のところ

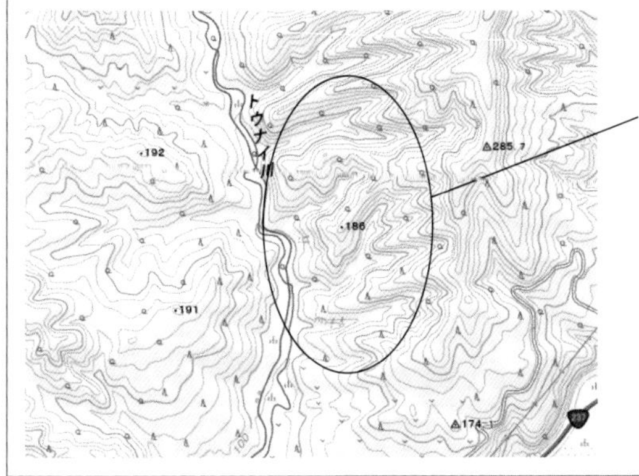

トウナイ川のマストリヒチアン期の化石の産出ゾーン

穂別・平取地域

われわれの巡検記③

穂別地域

北海道の各産地はそれぞれ印象深いです。穂別、三笠は最初に産地として足を踏み入れた記憶に残るエリアです。皆が北へ行こうと決断に至ったのは、守山氏が懇意にされていた堀田氏が穂別におられたことに加え、産地入林許可証、宿手配、事前調査、LCC案内など守山氏の尽力・計画力があってこそ。それがなかったら、われわれ和泉化石研究会のメンバーが北の大地を訪れることはなかったでしょう。結局この巡検で味を占めて以降、われわれは十数年の北通いにはまってしまったのです。

「いろいろ楽しめるんだぁ～」と人懐こい笑顔で、穂別の沢のガイドを快諾してくださった堀田氏。当日は直前に素晴らしい所蔵品を拝見し、皆採ったも同然の気持ちで、意気揚々とマッカウシ沢に総勢６名で入渓しました。「こんな石がいいんだぁ～」「枝沢は丁寧にみれやぁ～」「裏返すとベロッと出てるんだぁ～」などと指導を受けながら、沢だまりや、露頭を見ていきます。各人お土産を手にしてニコニコ顔。この日の圧巻は守山氏が沢に転がっていた亀甲石、通称[亀石]をパカンと割るとネオフィロの細肋がニョキと出ました。破片でなければ最大長20㎝はありそうです。亀石なので普通はバラバラになるはず。まさしく天恵です。結果は完品でした。この日を契機に彼はより化石の世界に首までドップリと浸かり、抜け出せなくなりました。私が初めて突起があるローマニセラスを、20㎝大のプゾシアをゲットしたのも穂別でした。嬉しくて帰阪後クリーニングを急ぎすぎ技術が未熟で、50点の出来上がり。口惜しいですがこれも又よし。思い出の一品です。守山氏はわれわれ以上に長期にわたり穂別に通われ、精通されているのでクリーニング後の一品が楽しみです。

その後数年は、毎年一度は穂別に巡検で訪れました。白亜の湯もあり銭湯好きには何度も訪問したい産地です。近年は沢が動かず巡検していませんが、記憶に残るのはセノマニアンの沢に同行いただいた時、何度も疲れて「ちょっと休憩しませんか？」と堀田さんに声をかけるとその度に「うん、ゆっくり行くべえやぁ～」と二つ返事で腰を下ろして付き合っていただいたこと。おにぎりをかじりながら採集の極意をいろいろと教えてもらい「こんなところにノジュールが隠れてるんだ」と倒木の下からノジュールを引っ張り出されたことなどです。露頭の隠れたノジュールの見つけ方、熊対応などなど。北海道における採集のイロハを穂別で学ばせていただきました。

十数年たった今、あらためてまったりと巡検したいエリアです。

日高・占冠地域

◎ニニップナイ沢

- 道東自動車の占冠インターチェンジから国道237号線に入り南東に向かう。すぐに双珠別川を渡る橋があり右手の林道を行く。
- 林道は沢と平行になっておりゲートなどはなかった。それほど山奥ではないので林道のコンディションも悪くない。
- もうすでにサントニアン期の化石の産出ゾーンだ。ハウエリセラスやユーパキディスカスなどが出ている。
- 林道が南向きになる前後のところはやや化石が薄い。
- 南に向いて500 mほど進んだあたりで沢に下りると、といってても林道のすぐ横を沢が流れているので造作もない。カンパニアン、サントニアンの層準が交錯し、ときにはコニアシアンも交じる。
- ゴードリセラスのストリアータムが結構多い。車を降りたあたりから1km ほど上流部ではシュードオキシベロセラスやキャナドセラスも産出している。
- 惜しむらくは、化石の光沢に欠けることだ。が、立体的には形を保っており、またあまりビジターがいないところがいい。

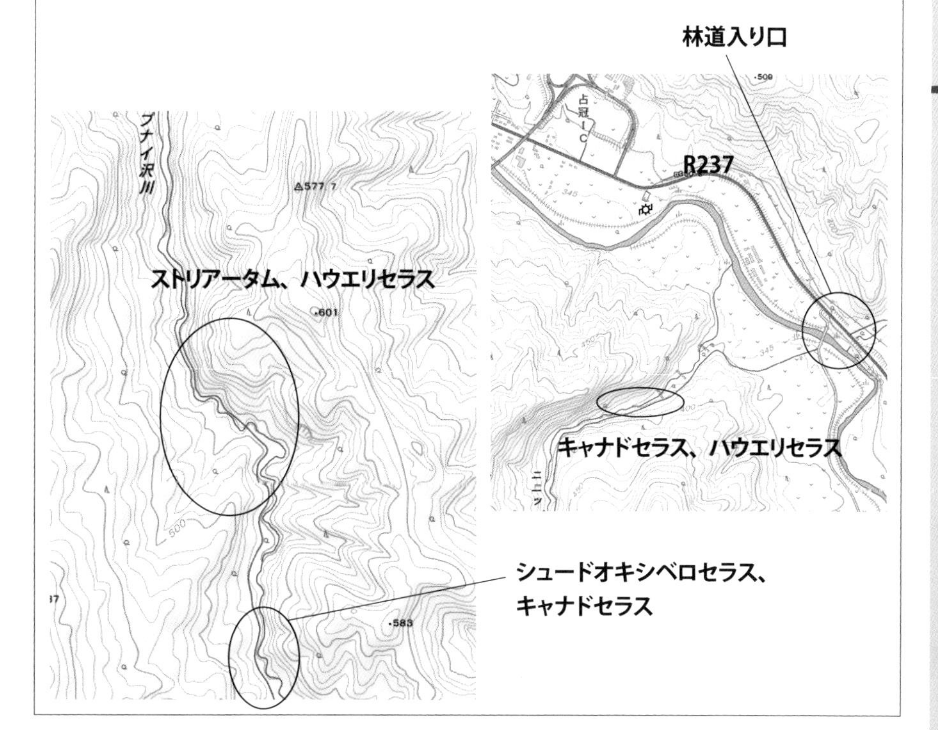

日高・占冠地域

われわれの巡検記④

占冠地域

巡検記や本に「沢にはノジュールがゴロゴロの状態だった」と記載されていることがあります。現実ではなかなかそんな場面に出合えていません。人が行かない奥地や、春の一番乗りは本州からの遠征者には難しいです。そんな中でここならひょっとしてと期待したのが占冠。2016年春、守山氏が下調べを実施して、現地に行くと産地のすぐ傍まで車の横付け可能です。早速身支度をし、わくわくして沢へ下りる。本流は本体との合流時に残して、枝沢に熊笹を2人で掻き分け突入しました。しばらく進むと前が開けて石が豊富にあります。嬉しいことに割跡はなし。私は途中でそこそこの石を掻き出し格闘。割ってみると肋が出現、パキだ！　アドレナリンが出た瞬間です。軽くするためにトリミングしていると、上流に行っていた守山氏が「インターがありましたが欠片で、大きすぎて置いてきました」と下りてきました。でもなぜか背中のリュックが重そうに、大きくふくらんでいたのは見間違いか…。結局私のパキは裏がボロボロでしたが補修し、記念品として今も玄関隅にひっそりと鎮座しています。愛着がある一品です。

化石の採集に重要なのは、①眼力 ②仕事量 ③運 だと思っています。知識に基づき表面の化石の痕跡を見分けるのも眼力ですし、地形・地層を観るのも眼力です。仕事量とは数多くの石を割り・掘り出し、崖・露頭を登り下りする体力のことです。運はまさしく強運かどうか。歩く沢の右か左かで時として天と地の差が出ます。後日、本隊メンバーと合流し本流ニニップへ。

今日の宿題はパキとゴードリセラスストリアータムです。先頭は藪漕ぎをし順路発見においては優れた眼力をもつ小西隊長。ただ完品を求めすぎるストイックな傾向がありすぎ？　二番手・三番手は入れ代わりながら守山氏と曾和氏。眼力、仕事量が半端ない曾和氏と、異常な眼力をもつ守山氏。最後尾は運だけに頼っている万年宝探し少年の気持ちをもつ私。過去数多くの人がわれわれの北海道巡検に参加されましたが、結局この4人にまとまりました。よっていつもこんな感じで沢歩きになってしまいます。この日は結局、曾和氏、小西氏、守山氏が本命のストリアータムをゲット。私は隊長が見捨てたアナパキの半分ヘソありをゲット。

ただここにも先人の割跡がありました。なかなか未踏の地はないものですね。

事前調査で地形を検討し、現地で地図とGPSを駆使して藪漕ぎしながら、山おやじ（ヒグマ）は怖いですが、鍛えた体力で未踏の地、秘境を探せばそこにはパラダイスが待っているはず！

いつかは仲間と秘境のパラダイス到達を実現したいものです。

大阪府泉佐野市 滝ノ池

（白亜紀マストリヒチアン期）

- 大阪府南部に連なる和泉山脈には白亜紀後期のマストリヒチアン期（約7000万年前）に堆積した「和泉層群」という地層が広がっている。中でも、北側の裾野に細長く延びる地域では化石が豊富に産出する。化石産地は点々と続いているのだが、工事でもないとなかなか採集は難しい。
- ここでは、その中の一つ「滝ノ池」の産地を紹介する。
  滝ノ池は泉佐野市の南東の山裾にあり、アンモナイトや二枚貝、巻貝などを産出する。滝ノ池の下流には「新滝ノ池」があり、その入り口付近に駐車場があるのでここに車を停めることができる。その先はゲートがあり一般車は入ることができない。
- そこから舗装された道路を道なりに歩いて新池という池の水門下を通り、さらにつづら折りの道を上ると滝ノ池に到着する。所要時間は30分くらいだ。・滝ノ池の少し手前付近から泥岩が目立ち始めるが、ここからが産地だ。露頭の表面を丹念に見ていこう。稀にノジュールがあり、その中には「バキュリテス」という棒状のアンモナイトが入っていることが多い。池の東岸には露頭が続いており、稀にノジュールを含んでいる。露頭は池の堤防下にまで続いているが、その先は砂岩から礫岩に変わり化石は出ない。

滝ノ池の泥岩露頭

淡路島

兵庫県南あわじ市 灘

（白亜紀マストリヒチアン期）

- 淡路島の最南部の海岸線には白亜紀後期のマストリヒチアン期（約6800万年前）の地層が続いている。昔は黒岩あたりでも大型のアンモナイトを産出したそうだが今は採れない。
- もう少し西側の地野から仁頃にかけての海岸を探索してみよう。海岸なので引き潮の時を狙うとよい。
- 地野の海岸に下りるには、車は道路わきに停めて集落の東側の山道を15分くらい下って行く。下る時は楽だが上りは結構辛いので覚悟が必要だ。海岸は西の方角に長く延びているので、のんびりと歩いて転石を見ていこう。たくさんの転石から化石の入った石を見つけ出すのはなかなか難しいが、アンモナイトやカニ・エビが入っていることがある。
- 仁頃では港まで車で下りることができる。但し、地元の方が作業されている場合は迷惑にならないように十分注意しよう。港の隅に車を停めさせていただいて、堤防の西側を探索しよう。ここでも多くの転石の中から化石の入った石を見つけ出さないといけないが、貝類や稀にアンモナイトも見つかる。

地野付近の海岸線を望む

淡路島

兵庫県南あわじ市 木場海岸

（白亜紀カンパニアン期）

● 淡路島の西部、鎧崎と丸山漁港の中間点あたりにある海岸で、白亜紀後期のカンパニアン期（約7300万年前）の地層が露出している。ここは自由巻きアンモナイトとして有名なディディモセラスの産地だ。

● 道路を走っていると、写真のようなディディモセラスのモニュメントがあるのですぐにわかる。

● 潮が引いた海岸を丹念に探すとディディモセラスの一部分が見つかることがある。近年海が荒れることが少なくなったので、なかなか採れないが希少なアンモナイトなので探してみる価値はある。

● このモニュメントの周りは駐車場になっていて大変便利だ。

● またモニュメントの基台にディディモセラスの化石（残念ながら一部分だが）を置いて行ってくれる「奇特」な方もおられる。

● モニュメントの基台に淡路島のアンモナイトの産出地情報が書かれている。非常に有用なので参考しよう。

ディディモセラスのモニュメント

文献一覧

●本文中で引用させていただいた本・文献

アンモナイトの同定に関する専門家の文献は、残念ながら非常に少ない。体系的にまとめられたり、網羅的に記述されたりしているものは、さらに少ない。

しかし以下に紹介する、本文中でたびたび引用させていただいたものは、アンモナイトを体系的に理解する上で非常に有用だ。ただ松本先生の英文で記述された論文は古生物学上の専門用語が多く難解だ。重田先生や横井隆幸さんの本は読みやすく何度も読ませていただいた。早川浩司さん、森伸一さん、三笠市立博物館ボランティアの会の本は、ある特定の種・属についての理解を深めるのに大いに役立った。また大八木和久さんの本は写真が美しく日本の各地のアンモナイトを知る上では必読だ。

敬意をもって以下にご紹介する。

松本達郎　＊2	・Matsumoto, T. 1995. Notes on gaudryceratid ammonites from Hokkaido and Sakhalin. *Palaeontological Society of Japan, Special Papers,* no35,vi+152pp.
松本達郎　＊4	・Matsumoto, T. 1955. Family Kossmaticeratidae from Hokkaido and Saghalien. Studies on the Cretaceous ammonites from Hokkaido and Saghalien 6. *Japanese Journal of Geology and Geography*, vol.26.
松本達郎　＊7	・Matsumoto, T. 1988. A monograph of the Puzosiidae (Ammonoidea) from the Cretaceous of Hokkaido. *Palaeontological Society of Japan, Special Papers,* no.30, iii+179pp.
松本達郎　＊6	・Matsumoto, T. 1991. The mid-Cretaceous ammonites of the family Kossmaticeratidae from Japan. *Palaeontological Society of Japan, Special Papers,* no.33, vi+143pp. 31pls.
松本達郎　＊5	・Matsumoto, T. 1984.Some ammonites from the Campanian (Upper Cretaceous) of northern Hokkaido. *Palaeontological Society of Japan, Special Papers,* no.27, v+93pp. 31pls.
重田康成ほか　＊3	・Yasunari Shigeta and Masataka Izukura. Discovery of the middle Campanian(Late Cretaceous) “Soya Fauna” ammonoids in the Hidaka area, Hokkaido, Japan. The Bulletin of the Hobetsu Museum, no.33 (Mar., 2018), p.11–25.
C.Walker and D.Ward	・Cyril Walker and David Ward, *Fossils*, Dorling Kindersley Publishers Ltd, 1994.
藤山家徳 浜田隆士 山際延夫監修	『日本古生物図鑑』北隆館、1982年
二上政夫	1982年　北海道鳩の巣地域の白亜系――とくにアンモナイト群集の特性――地質学雑誌　第88巻　第2号　101-120ページ
重田康成	『アンモナイト学』東海大学出版会、2001年
重田康成　＊8 伊豆倉正隆 西村智弘	・Yasunari Shigeta, Masataka Izukura, Tomohiro Nishimura. 2019. Campanian (Late Cretaceous) ammonoids and inoceramids from the Ribira River area, Hokkaido, northern Japan. *National Museum of Nature and Science Monographs* No. 50
早川浩司　＊1	『北海道　化石が語るアンモナイト』北海道新聞社、2003年
福岡幸一	『北海道アンモナイト博物館』北海道新聞社、2000年
横井隆幸	『北海道のアンモナイト』小さな化石の標本室、2008年
ニールL.ラースン	『アンモナイト化石最新図鑑　アンモナイト』アム・プロモーション、2009年
森伸一	『北海道羽幌地域のアンモナイト』北海道新聞事業局出版センター、2012年
三笠市立博物館 ボランティアの会	『北海道のアンモナイト』(「アルビアン編」ほか) 三笠市立博物館ボランティアの会
大八木和久	『日本のアンモナイト』築地書館、2021年

●アンモナイト・白亜紀層準について参考にした文献リスト

一覧にあるのは、順に、邦文の北海道のアンモナイトまたは白亜紀の層準についての論文、次に地質図の解説書、最後に英文を含む論文である。アンモナイトの同定と産出地の情報を含み、われわれが巡検する際にどの程度有用かで、A～Cと示した。当然、論文の良し悪しを示すものではない。

また簡単にその論文の要旨と言及されているアンモナイトの属・種をまとめておいた。これらはほとんどがインターネット上で公開されているか、もしくは地質図とセットで販売されている。

文献名	受理年度等	著者	エリア / 水系	年代
北海道中頓別地域における上部白亜系 ～暁新統函淵層群の岩相層序と大型化石層序	2000 11月4日	安藤寿男 外2	頓別川、宇津内川 平太郎沢	Lower Cam ~Maa
北海道頓別川流域上部白亜系における メガ-ミクロ化石層序の対応	1981 9月石油技	松本達郎 外4	頓別川、宇津内川 コビキ沢、平太郎沢	Cam ~Maa (ヘトナイ統)
北海道天塩中川地域上部白亜系の層序と 大型化石群の特性	2003 1月17日	高橋昭紀 外2	ルベシベ、テンマク、炭ノ沢 オソウシナイ、知良志内 志文内、ワッカウェンベツ	Cen ~Cam
北海道天塩中川地域上部白亜系佐久層の チャネル充填堆積物中より産出した化石とその意義	2002 4月2日	高橋昭紀 外1	知良志内、志文内	Tur
北海道北部、天塩中川地域の知良志内川上流域 における白亜系層序	2011 信大 vol.43	瀧修一 外3		
北海道築別地域の白亜系層序	2000 12月4日	守屋和佳 外1	築別沢、パンケ沢、 三毛別沢、デト二股沢 木の芽沢、アイヌ沢	Tur ~Cam
北海道北西部羽幌地域における 上部白亜系層序の再検討	2003 4月23日	岡本隆 外2	アイヌ沢、デト二股、ピッシリ 清水、待宵、中二股 白地畝、ユタカ沢、逆川	Tur ~Cam
北海道羽幌川上流地域白亜系の 生層序と堆積相	1985 6月17日	利光誠一	中二股、待宵、白地畝 ユタカ沢、逆川、コトド沢 右の沢(カタカゲ沢含)	Tur 中期 ~Cam
北海道北西部羽幌川支流右ノ沢地域における 上部白亜系大型化石層序の再検討	2012 7月23日	河部壮一郎 外1	羽幌川西部、右の沢	San~ Lower Cam
北海道北西部古丹別地域の上部白亜系 大型化石層序	1999 10月1日	和仁良二 外1	古丹別川、オンコ、ホロタテ 上の沢、大曲沢、山口沢 二股沢、奥二股沢	Cen~ Middle Cam
北海道古丹別地域に分布する上部白亜系 蝦夷層群函淵層	2009 地質学　3月	辻野泰之	古丹別中野沢	Cam
北海道朱鞠内地域の上部白亜系に認められる 大型化石群集	2009 2月・57号	関谷透 外3	朱鞠内川上流部、ユメノ沢 ハチノ沢、ジュロウ沢	Cen ~San

異常巻き（自由巻き）	渦巻き	要旨 / 特記		林道
	ゴードリセラスハマナケンセ ゴードリセラスカエイ	・寿層 (上部蝦夷層群)、上駒層 (函淵層群) ともに early Czam. であるが、上駒層に化石を多く産す。また、平太郎沢層 (函淵層) は、Maa に属し G. ハマナケンセ、AN マツモトイをしばしば産す。	A	
ノストセラス	ゴードリセラスイズミエンセ ゴードリセラスストリアータム パタジオシテス		B	
ニッポニテス b(バッカス)	キャライコセラス カニングトニセラス メタプラセンチセラス	・佐久川層中上部（Cen）は、オソウシナイ層に次ぎ化石を産す。 ・中川の Con~San は無酸素環境を示唆し、化石の産出は不良。	A	
ニッポニテス b （上記資料と同一地）		・ニッポニテスバッカスの産出露頭は金網施工で採集困難。	B	
		・化石産出情報なし	C	
ハイファントセラス	ハボロセラス、テキサナイテス	・文献に記載はないが、リヌパルスを豊富に産する。 ・パンケ、デト、木の芽沢に多産ゾーンあり。Maa 分布するもアンモナイトの産出はない。	A	
ニッポニテス b、エゾセラス ハイファントセラスレウシアヌム ネオクリオセラス、ユーボ d	トンゴボリセラス	・ナガレ沢、たけのこ沢、岳見沢、羽幌川上流、オオトド、コトド、チメイ沢 ・自由巻き：ハイファントセラス オシマイ、ユーボ m 、ツリリトイデス、シュードオキシベロセラス ・産出情報が詳細であり、ノジュール形状にも言及。	A	
	レウシセラス、 フォレステリア ホルキア	・テキサナイテス類、メヌイテスの産出多い。 ・中部チューロニアン ~ 上部サントニアンのイノセラムスによる生層序。	A	
ハイファントセラス - ヘテロモルファム シュードオキシベロセラス		・サントニアンのユーボ産出。 ・ゲートより 5、6km は舗装路、林道 1.5km で産地入り口に至る。 ・ハウエリセラス、ユーパキディスカスを豊富に産す。	A	
カワシタセラス (山口沢) ハイファントセラスオシマイ	マーシャフイテス	・セノマニアンは古丹別川本流 100155、ホロタテ沢東部 120321 に分布し前述ポイントはノジュールを豊富に産す。 ・文献記載はないがホロタテ中流域で M-ryu を産する。	A	
		・中野沢落ち口奥 600m あたりの三紀境界部に 2 か所露頭あり。 ・情報が部分的である。	B	
ムラモトセラス	ゴードリセラスインター	・情報量少なく、記載地域が局部的。 ・記載の種もムラモトセラス以外は普通種。 ・地図対応させづらく位置の正確性を欠く。	B	

文献名	受理年度等	著者	エリア / 水系	年代
北海道小平地域の上部白亜系層序	1976 7月29日	棚部一成 外3	奥二股、アカノ沢、金尻沢 川上本流、小平蘂川 中記念別、三の沢	Cen~ Upper San
北海道小平地域における上部白亜系蝦夷層群の 大型化石層序と炭素同位体比層序	2014 3月31日	本田豊也 外1	アカノ沢 ケチカウェンオビラシベ入り口	San
北海道小平地域北東部上部白亜系の 化石層序学的研究	1985 PSJ化石38	関根秀人 外2	小平蘂川、金尻沢 コリント沢	Cen ~San
北海道沼田地域の上部白亜系	1993 沼田化石会	大和治生	ポンポンニタシベツ川 シルトルマップ川 支線の沢	Tur ~San
北海道美唄地域の上部白亜系層序と 化石動物群	1985 12月9日	前田晴良	美唄川、四の沢 水道の沢、シモマタ沢 美唄林道、左マタ沢	Cen ~San
北海道芦別地域上部白亜系の層序と アンモナイト化石群の特性	2003 9月7日	栗原憲一 外1	芦別川 惣芦別川	Tur~ Lower San
北海道奔別地域白亜系上部チューロニアンの メガ化石群集の特性	1980 3月25日	二上政夫 外2	奔別川下流150mの 大露頭立面図	Middle Tur ~ Upper Con
北海道奔別地域上部チューロニアンの アンモナイト群集	1981 12月31日	松本達郎 外3	奔別川下流150mの 大露頭平面詳細図	Middle Tur ~ Upper Con
北海道三笠市奔別川地域に分布する 下部白亜系蝦夷層群産アンモナイトの調査報告	1996 三笠博	二上政夫	奔別川全域（五の沢を除く）	Lower Alb ~ Upper Alb
上部白亜系中部蝦夷層群三笠層の層序と 浅海堆積相	1990 2月19日	安藤寿男		
白亜紀セノマニアン~チューロニアンの海水準変動 -北海道蝦夷累層群三笠層を例として-	1990 堆積学報	安藤寿男		
北海道白亜系セノマニアン・チュロニアン両階のアンモナイト・イノセラムス・有孔虫による統合生層序を目指して	1991 地学雑100	松本達郎 外2	桂沢覆道周辺の幾春別川、白金、金尾別川 滝の沢	Cen ~Tur
「幾春別川流域における白亜系」の 生層序学的研究の補足	2001 年報No2	深田淳夫	桂沢湖周辺	
蝦夷前弧堆積盆の海陸断面堆積相変化と 海洋無酸素事変層準：夕張~三笠	2007 7月25日	安藤寿男 外2		
幾春別川「桂沢ダム」周辺の白亜系についての研究	2003 深田地研4	深田淳夫	盤の沢のルートマップ	
北海道万字地域の白亜系	1975 9月22日	小畠郁生 外1	美流渡一の沢、幌向川 シコロ沢、三ノ沢、ポンネベツ川 ポンポロカベツ川、相生沢	Alb ~San

異常巻き（自由巻き）	渦巻き	要旨 / 特記		林道
ニッポニテス m、M-Ryu ツリリテス、ハイポツリリテス ユーボ m、ユーボ s	バロイシセラス、マンミテス ファゲシア、シュードアスピドセラス キャライコセラス、バスコセラス	・石炭ナイ沢、ワクナベ沢、66 林班沢、水門の沢、ナンブノ沢、十五線沢 ・サクマノ沢、一二三の沢、照江の沢、上記念別、フジノ沢、81 林班沢 ・上記念上流部を除く小平ほぼ全域にわたり、信頼度高い。	A	アカノ沢沿道道
		・普通種のみの記録であるが、アカノ沢の全容が詳細に記載。 ・アカノ沢上流部に有望露頭あり (36147　テキサナイテス、ユーパキディスカス) ・生層序と 13C 変動曲線との I. アマクセンシスの産出年代の統合、調整。	A	
ツリリテス ハイハントセラスオシマイ ユーボ m	バスコセラス、マーシャライテス キャライコセラス プリオノカイクロセラス	・金尻沢はコリント分岐以東化石貧。 ・川上本流は奥記念分岐前後から直角南進口まで良。 ・Mg、Mh(Cen)、Mk、Ml、Mo(Tur)、Ub(Con)、Uc-e(San) は化石多し。	A	
ニッポニテス sp	トンゴボリセラス シューパロセラス コリグノニセラスウールガリ	・産出記録が正確。沼田町化石館にて入手。	A	
ユーボ m	キャライコセラス ライマニセラス	・解説的であり学習面での有用性大。 Mk2(Cen)、Uy1(Tur~Con)ha 化石に富む。	A	美唄林道
ムラモトセラス	ヤベイセラス	・該地域はチューロニアン後期よりコニアシアンまでは、生物擾乱が弱く葉理が発達し化石産出は比較的少ない。Mh、Ub は◎。 ・各階の示準化石への言及があり、有用。	A	
ニッポニテス b、ユーボ m ボストリコセラス	ライマニセラス他 ※リヌパルスは海緑石質 砂岩中より産出	・Tur のアンモナイト群集分類、① Ree-m 優占種＋スキポノ＆スカラリ　② Sub-nep 優占種 +M-ryu、　③コリンニョニ系伴わず平滑種および自由巻き。 ・露頭図がきわめて詳細、かつ有用。	A	
ニッポニテス b、sp ユーボ m、ユーボウーザイ	リーサイディテス サブプリオノカイクルス	・該地域のアンモナイト群集分類①下部 :47% の Baculitidae、ニッポニテスを含むノスト系、スカヒ類の自由巻き 63%、次いで 24% のコリンニョニ系②中部 :55% の平滑型にスカヒとノスト系③上部 :88% のコリンニョニ系	A	
アニソセラス、ハミテス アンモノセラタイテス	ドウビレイセラス ハイパープゾシアタモン	・本流、支流ともきわめて詳細な情報。	A	
		・化石産出についての言及なし。	C	
		・化石産出についての言及なし。	C	
ツリリテス、ハイポツリリテス ネオストリンゴセラス	キャライコセラス、カニングトニセラス ファゲシア、マンミテス シュードアスピドセラス	・セノマニアン、チューロニアンの標準アンモナイト帯に即して解説。 ・大夕張の滝の沢の踏査図は貴重。	A	白金林道 金尾別 林道
		・1965 年度の松本達郎のルートマップと産地番号のみが掲載されているが、産出化石については言及なし。	C	
		・Upper Alb~Maa に至るアンモナイト帯、イノセラムス帯。 ・C/T 境界における海洋無酸素事変と黒色頁岩。 ・化石産出情報なし。	C	
		・左記ルートマップについては、一切産出情報なく、過去の研究についての回顧談的内容。ルートマップは有用。	B	
マリエラ、イディオハミテス ニッポニテス sp、リュウガセラ ユーボウーザイ	モルトニセラス、ヒステロセラス コリンニョニ系	・ポンポロムイ川、アノロ川 ・サブプリオノカイクルス、リーサイディテスの多産帯。 ・Alb はシコロ沢上流、Tur 後期は三ノ沢 (美流渡緑町より林道)、ポンポロムイ上流 (道路よりすぐ)、ポンネベツ中流 (万字寿町より林道 ?)　有望。	A	

文献名	受理年度等	著者	エリア / 水系	年代
北海道鳩の巣地域の白亜系	1981 5月16日	二上政夫	ポンポロカベツ、阿野呂川 シルリオマップ川、モセキドメ沢 鉱泉沢、歌声沢	Alb ~San
北海道中西部上部チューロニアン・アンモナイトの群集特性 -コリンニョニセラス亜科の系統解釈に関する基礎的研究-	1982 3月13日	二上政夫 外1	鳩の巣シホロカベツ川	Upper Tur
チュロニアン・コリンニョニケラス類アンモナイトの分布特性について -特にメガ化石帯の対比の有効性に関連して-	1992 紀要3巻	二上政夫		Upper Tur
北海道北大夕張地域白亜系の大型化石層序	1996 5月102巻	川辺文久 外2	日向沢、天狗沢、日陰沢 北の沢、87班沢 シューパロ川上流	Alb ~Tur
本邦上部白亜系の大型化石-微化石層序および古地磁気層序の統合に向けて	1995 1月101巻	利光誠一 外4	白金川のCen/Tur境界部分のスケッチ	Cen/ Tur境界部
アルビアン上部~セノマニアン下部の生層序 -北海道シューパロ地域の場合-	2000 6月2日	松本達郎 外1	北の沢、日陰沢	Alb ~Cen
北海道北穂別地域における上部白亜系蝦夷層群の大型化石層序	2011 8月18日	本田豊也 外2	盤の沢(パンケモユーパロ) 穂別川、ナラオマナイ川 ヌタポマナイ川、カエデノ沢	Tur ~San
北海道静内川中流流域に分布する白亜系	1981 3月22日	小畠郁生 外5	静内川中流メナシベツ川 合流点1km下流大露頭	Upper Alb
北海道中央部、占冠地域の上部白亜系	1984 4月5日	川口通世 蟹江康光	ニニップナイ沢、タンネナイ沢 マカウシ沢、クテタウンナイ沢 占冠中央周辺	Cen ~Cam
北海道日高町周辺の白亜系	1973 12月20日	小畠郁生 外2	沙流川中流 千呂露川	Alb ~Cam
北海道浦河地方の白亜系	1965 11月20日	蟹江康光	ウロコ川、乳呑川	Lower Tur ~Maa
北海道蝦夷層群における炭素同位体比曲線とイノセラムス生層序の対応関係	2002 3月19日	土屋健 外2	磯次郎沢河口部分 古丹別川中流 ホロタテ沢中流	Tur ~San
白亜紀異常巻アンモナイト、Polyptychocerasが示す特異な産状とその解釈	2001 12月5日	岡本隆 外1	産出記録はない	

異常巻き（自由巻き）	渦巻き	要旨 / 特記		林道
M-Ryu ユーボインディカム	ヒステロセラス（Alb） ディプラシオセラス（Alb）	・M2(Alb)。Mk2(Cen)。Mk3(Tur) が◎。シホロカベツでは U2(San) も◎。 ・M2(Alb) は西域 > 東域、歌声沢中上流、鉱泉沢がよい。 Sub は 2 列、Ree は 1 列の棘、ライマニセラスは 1 列なるも棘弱し。キール。	A	ポンポロカベツ林道 Tur~Alb
M-Ryu	リーサイディテス サブプリオノカイクルス	・奔別、万字、鳩の巣のコリンニョニ産出状況比較。多量の植物片含。 ・M-Ryu、Ree 等の有望産出地なるも人家に近し。	A	
		・鳩の巣、万字（細粒砂岩）は、他地域（奔別、幾春別、美唄、シルト質または細粒砂岩）より産出岩相は粗粒。海緑石、生物擾乱。 ・Ree-min と Sub-nor はシノニム→ Subprionocyclus minimus	C	
ハミテス、アニソセラス ムラモトセラス	モルトニセラス、マンテリセラス キャライコセラス	・Mb(Alb/Cen、北の沢 421047: 天狗沢 272141)、Mf(Cen、北の沢キャライコゾーン 421007、日陰沢 250021、25、31)、Mg(ムラモト他、110201、110255、260055) が有望。 ・北大夕張の全容を把握し得る。	A	日向沢、天狗沢等林道露頭
	シュードアスピドセラス オスチニセラス	・上部白亜紀（Upper Alb~）のアンモナイト、イノセラムスのゾーネイション。 ・産出情報としては左記部分のみ。	B	
		・Alb/Cen 境界のアンモナイトゾーネイション。 ・断片的情報で産出地との関連付けがしづらい。	C	
ネオクリオセラス	ネオンファロセラス ローマニセラス	・Tur、Con、San の上中下部のアンモナイトによるゾーネイション（層序）。 ・盤の沢の情報源としては貴重。	A	
アニソセラス ハミテス	エオゴードリセラス ストリッチカイア、モルトニセラス	・5~50cm のノジュールに稀に化石を産する。母石中にもわずかに化石を含む。	B	
ユーボデンシコスタータム シュードオキシベロセラス	プリオノカイクロセラス	・テキサナイテス、ハウエリセラス、メヌイテス等も産出。ニニップナイは林道もありタンネナイよりもかなり多産の模様。ギガントカプルス、アニソマイヨンの産出があるがアイノセラスに関しては言及なし。ノジュール形状についての情報豊富。	A	ニニップナイ 林道 (良)
ツリリテス	キャライコセラス マンテリセラス	・ドウビレイセラスも産するが、不詳。 ・コニアシアン、サントニアンがやや不良。 ・パンケウシャップ、ペンケウシャップ沢周辺。	A	
アイノセラス シュードオキシベロセラス	ウラカワイテス テシオイテス	・Tur~Lower San は化石不良。U1B~U3B 多産。U2: アイノセラスは海緑石、炭化植物片（乳香）。U3:Cam、きわめて多産。ウロコ川上流。 ・産地個別情報はないが、地質図産地番号との照合可。解説良。	A	
		・Tur~San 境界部分における大型化石層序と炭素同位体比曲線の対応関係。I. ホベツエンシス→ I. テシオエンシス→ I. ウワジメンシス（Con）→ I. アマクセンシス（San）。アンモナイト産出情報は局部的かつ部分的。	B	
		・ポリプチコセラスはノジュール化石密集部に住房の最下部を接するが、やや離れた部位にある。気室のターン部分はノジュール外になり易い。 ・マッシュルーム形ノジュールの「柄」の部分が化石密集部にあたる。	A	

地質図幅解説書

文献名	報告年度	著者	エリア / 水系	年代	
宗谷および宗谷岬	1959 地下資源 調査所	小山内熙 外 2			
知来別	1957 北海道 開発庁	小山内熙 外 2			
沼　川	1968 北海道 開発庁	高橋功二 外1	メナシベツ川 タツニウシナイ川他	Con ~Cam	
鬼志別	1964 北海道 開発庁	松下勝秀 外3			
天塩中川	1962 地下資源 調査所	長尾捨一	中川地区全般の河川の概論	Alb ~Cam	
音威子府	1962 北海道 開発庁	長谷川潔 外3			
共　和	1960 北海道 開発庁	小山内熙 外2	志文内川(M4) レイケナイ沢(U1) ニゴリ川、クチャコロ川(U3)		
恩根内	1965 北海道 開発庁	小山内熙 外1			
蕗之台 (ピッシリ山)	1971 北海道 開発庁	高橋功二 外4	遠別川最上流部 熊ノ沢、プトカマベツ川 ルヤンベナイ川	熊ノ澤層Km ~プトカマベ ツ川層	San～Ma
三　渓	1963 地質調査所	山口昇一 外1	羽幌地区西部 (デト入り口部～ オンコノ沢	U1(k5a,Con) ~ U6(K6a,Cam)	
添牛内	1965 北海道 開発庁	橋本亘 外2	羽幌地区東部～ 幌加内、朱鞠内	Ly1(Apt) ~ Uy5(Cam?)	
達　布	1958 地質調査所	対馬坤六 外3	小平地区西部		
大夕張	1954 北海道 開発庁	長尾捨一 外2			
石狩金山	1958 北海道 開発庁	小山内熙 外4	南富良野～占冠北部 ラウネベツ、一休の沢 湯の沢	Alb ~Cam	
紅葉山	2002 北海道立 地質研究所	高橋功二 外3	夕張南東部～ 穂別北部	Cen ~Cam	

異常巻き（自由巻き）	渦巻き	要旨 / 特記		林道
		・Ｃｒ1～Ｃｒ6、Ｃｒ5でメタプラ産出 ・産出各論情報皆無、層序情報なし。	C	
		・Ｃｒ1にてアナゴサキアの産出 ・化石産出情報等なし。	C	
		・尾蘭内層でメタプラ産出 ・各論情報皆無。	C	
		・一切情報なし。	C	
		・My4(佐久川層、Cen○)、My5(佐久層、Tur○)、Uy1(西知良志内、Con,○)、Uy3(オソウシナイ層、San～Cam◎) ・層準の総論的産出情報あり。	B	
		・空知層群～上部蝦夷層群。産出情報皆無。	C	
		・模式地のみ化石の総論的産出情報	B	
		・一切情報なし。	C	
		・熊ノ沢層は下部の泥岩部とシルト岩部よりなり、泥岩部はノジュール中に頻繁に化石を産す。プトカマベツ層は砂岩よりなり化石産出はない。 ・遠別川最上流部。	B	
		・詳細情報なし。	C	
		・My3(Cen多産帯)、My4×、My5(Cen○)、Uy1(Tur○)、Uy2(Tur○、ニッポ) Uy3(Con～San○)、Uy4(San○)、Uy5×。 ・各層準ごとの総論的産出情報あり。	B	
		・Me～Mg×、Mh○、Mi×、Mj○(バスコ、ファゲシア)、Mk○(ニッポ)、Ml○(ニッポ?)Mo○、Ua(Tur)、Ub(Con、ニッポ)、Ucd(Con)、Ue～Uij(San)はすべて○ Ukj× ・層準ごとの総論的岩石、産出化石情報あり。	B	
		・層準ごとの総論的産出情報あるも、産出年代など疑わしき部分あり。 ・My6～My8前半がセノマニアン。My6○、My7◎	C	
		・N1～6(Alb～lower Tur：中川層)は×、U1～4(Tur～Cam：浦河層)は、U1○、U2×、U3◎、U4△ ・層準ごとに総論的産出化石、ノジュール形状等につき言及あり。	B	
		・My1Cen、My2～4Tur、Uy1Con、Uy2San～Cam ・化石産出情報とぼしく有用性少ない。	C	

文献名	報告年度	著者	エリア / 水系	年代
日　高	1986 北海道立 地質研究所	高橋功二 外1	タンネナイ、ニニップナイ アリサラップ、パンケウシャップ ペンケウシャップ	Apt ~Maa
穂　別	1987 北海道立 地質研究所	高橋功二 外1		
岩知志	1978 地下資源 調査所	高橋功二 外1	幌毛志 宿主別川	
比　宇 （新　和）	1959 北海道 開発庁	吉田尚 外3	岩知志南部 西部：ニオイ、門別、波恵川 東部：上貫気別、総主別	
農　屋	1962 北海道 開発庁	松下勝秀 外1	三石に北接 静内川支流オブスケ沢	
三　石	1992 地下資源 調査所	和田信彦 外3（蟹江）	絵笛川、井寒台 咲梅川	Upper Alb ~Cam
西　舎	1986 地質調査所	酒井彰 蟹江康光	向別川、タンネベツ川 絵笛川中上流、乳呑川 ウロコ川、堺町、月寒川	Alb ~Maa
浦　河	2002 産業技術 総合研究所	蟹江康光 酒井彰	乳呑川上流 日高幌別川 月寒川	

異常巻き(自由巻き)	渦巻き	要旨 / 特記		林道
		・LyApt～Alb沙流川よりMor産出。My1～3Ａｌb～Tur. Uy上中下 Tur～San。Hk上中下Cam～Maa. ・情報が総論的で有用性ない。	C	
		・有益情報一切なし。	C	
		・My1～3×、Uyは西帯(幌毛志)>東帯(宿主別)。東帯はおそらくＵｙとＨｋとの境界付近が良い模様。 ・詳細な情報少なく有用性は低い。	B	
My1:Upper Cen～Tur Ｍｙ2:Upper Tur My1,My2とも△～○	Uy1:Upper Tur △～○ Uy2:Con～Cam ◎ Hb1:Cam◎、Hb2:Maa稀	・Uy2 西部>東部　多産帯あり。多産地としてニオイ、門別、波恵 ・Hb1 東部>西部　Gストリアータム、クラシコスタータム等も産出 ・解説は総論的だが地質図と照合し行間情報が読みとれる。	B	
ネオクリオセラス(Ob層)		・域内の中部蝦夷層群では化石産出実績なし。	C	
リュガセラ シュードオキシベロセラス アイノセラス(U2アニソマイヨントランスフォーミスと共産)	ウラカワイテス	・三石、農屋の産出地詳細情報あり。 ・M1(Alb～Cen),M2(Cen×),M3(Cen～Tur△),M4(～Upper Tur△) Uo(Con△～○),U1(Con～Lower Cam◎),U2(Cam◎),U3(Cam○)	A	
アイノセラスカムイ・パウシ(U2、産地番号260)リュウガセラディディモセラス(U4370P)	パーチセラス(M2) メタプラセンチセラス(U4340,370) パタジオシテス(U5224)	・層準表示は上記三石に同じ。 ・各論産出位置情報もあり、アイノセラスは産出地が特定できる。	A	
同上	同上	・産出情報等については上記２地区(西舎、三石)を併せ読む必要あり。 ・詳細な産出位置情報あり。	A	

英文論文の参考文献

文献名	報告年度	著者	エリア / 水系	年代
A Stratigraphical Restudy at the Type Locality of Metaplacenticeras subtilistriatum (Jimbo) (Cretaceous Ammonite)	1982 M.J.A.Oct12	T Matsumoto	遠別ルベシュベ	Cam
The early Cenomanian ammonite fauna from the Soeushinai area of Hokkaido,North Japan	2004 Bull Geologcl Surv Jpn	T Matsumoto T Nishida S Toshimitsu	中股沢、朱鞠内川、砂金沢三十線沢、スリバチ、ヨシタロウ、カエル、ビシャモン、フクロク、エビス	Alb ~Cen
The first record of *Mesoturrilites*(Ammonoidea) from Hokkaido	1999.04.30 Paleontologicai Res.Vol3	T Matsumoto A Inoma	三十線沢、カエルの沢東の１キロ内のMy3、My5	Cen
A study of *Mrhiliceras*(Cretaceous Ammonoidea)	2002 Sep.12	T Matsumoto T Nishida	スリバチ沢	Cen
Early Cenomanian (Cretaceous) ammonoids Utaturiceras and Graysonites from Hokkaido,North Japan	2003 vol.54 Bull Geologcl Surv Jpn	T Matsumoto T Nishida S Toshimitsu	共栄砂金沢、スリバチ沢 朱鞠内川各支流名（フクロク沢,エビス沢、ホテイ沢）	Alb ~Cen
The Turrilitid Ammnonoid Mariella from Hokkaido Part 1	1999.06.30 Paleontological Res.vol3	T Matsumoto A Inoma Y Kawasita	スリバチ沢、朱鞠内川 中股沢、共栄砂金沢 三十線沢	Alb ~Cen
The Turrilitid Ammnonoid Mariella from Hokkaido Part 2	1999.09.30 Paleontological Res.vol3	T Matsumoto Y Kawasita		
The Turrilitid Ammnonoid Mariella from Hokkaido Part 3	2000.04.28 Paleontological Res.vol4	T Matsumoto T Kijima	穂別マッカウシ沢入り口	Cen
The so-called Turonian-Coniacian boundary in Japan	1984 Bull Geol Soc Denmark v33	T Matsumoto	奔別五の沢、 奔別川入り口露頭 幾春別ダム周辺	Tur ~Con
Inoceramus(Platyceramus) szaszi sp. nov.(Bivalvia) from the Coniacian(Cretaceous) of Hokkaido	1995 Trans Proc palaeont Soc No178	M Noda S Uchida	奔別五の沢（産出ポイントの詳細図）	Tur ~San
A notes on an Inoceramid species (bivalvia) from the lower Coniacian (Cretaceous) of Hokkaido	1985 Dec.30	T Matsumoto M Noda	奔別五の沢	Con
Stratigraphy and Paleontology of the Cretaceous in the Ishikari Province ,Central Hokkaido Part1. Stratigraphy of the Cretaceous in the Southern Areas	1986 Bull Natn Sci Mus Tokyo	M Futakami	桂沢湖周辺、一の沢 上一の沢、磯次郎下流 金尾別下流	Alb ~San
A study of *Neocardioceras*(Ammonoidea) From Hokkaido　Studies of Cretaceous ammonites from Hokkaido and Sakhalin-XCII	2002 M.J.A.May13	T Matsumoto	幾春別ダム下流	Cen
Cenomanian/Turonian stage boundary event in the north-west Pacific; Marine biodiversity and palaeoceanographic background	2006 A doctoral dissertation Waseda Univ	K Kurihara	上一の沢各支流 特に、岩石沢、フクロ沢	Cen ~Con

異常巻き(自由巻き)	渦巻き	要旨 / 特記		林道
シュルエッテレラ	メタプラセンチセラス ホプリトプラセンチセラス	・遠別ルベシュベの詳細ルートマップ。	A	
マリエラ	ストリッチカイア、マンテリセラス シャーペイセラス	・ルートマップあるも、産出ポイントは本文中に部分的に記述。 ・ストリッチカイアジャポニカの産出帯は、下限をグレソニテスやウタツリセラスに接し上限はマンテリセラスサクシビイの直下となる。	A	
メソツリリテス(My3)	ストリッチカイア ガビオセラス アルジェセラス、ユーヒステロセラス	・カエルの沢周辺のピンポイント情報。 ・My3:石灰質ノジュールを多量に含む. Cen下部、グレイソゾーン ◎ ・My4:礫質,化石貧×。My5:泥岩、アンモナイト、イノセラを多量に含む ◎	A	
	ムルヒリセラス	・マンミテス種。 ・スリバチ東枝、2015.06巡検沢のスポット情報。	B	
	ウタツリセラス、グレイソセラスス ストリッチカイア、マーシャライテス モルトニセラス	・My1/My2＝UA3:Upper Alb ・My3＝LC:Lower Cen ・My4＝MC ・Ｍｙ5＝ＵＣ:Upper Cen ・ウタツリセラス、グライソセラス共にMy3下部より産出。	A	
マリエラウーレルティ、パシフィカ オストリンゴセラス(My3) ツリリテス(My5)	グレイソニテス、ストリッチカイア モルトニセラス、ビヒマイテス ウェルナニテス(My5)	・ビシャモン沢(中股)、エビス沢、ジュウロウ沢(朱鞠内) ・露頭のピンポイント表示。マリエラウーレルティとマリエラパシフィカ画像豊富。 ・ジュウロウ沢のMy7(Tur初)エリアのムラモトセラス、バスコセラスの情報あり。	A	
		・upper Alb～Lower Cenに産出するマリエラの分類。 ・産地情報は皆無。	C	
マリエラ		・マッカウシ入り口のセノマニアン露頭	B	
奔五:ニッポサハリネンシス ユーボウーザイ 奔入:ニッポバッカス	Ｓｕｂ，Ｒｅｅ，ライマニセラス プリオノカイクルス	・T/C境界の示準化石 Upper Tu::コリグノウール→Ｓｕｂｎｅｐ, Reemin Lower Con:バロイシ、フォレステリア ・奔五のConとTur分布並びに奔別入り口露頭図ほ詳細情報。	A	
	フォレステリア(リーサイディオセラス)、ハーレイテス、バロイシセラス コスマチセラス	・コニアシアン下部、中部の産出化石(アンモナイト、イノセラムス)の記憶整理に極めて有用。 ・奔別五の沢の詳細な産出ポイント図。	A	五の沢の砂防ダム位置
		・五の沢のルートマップあるも、邦文のものと同一。 ・アンモナイトについての言及は皆無。	C	
ツリリテス、ハイポツリリ(Mk1) ニッポ＿テスm(U2)、M-Ryu(U1)	コスマテラエニグマ(Mk1,330) マンテリ(Mk1)エオヒステロヤラス コリグノニ(Mk2)、,バロイシ(U2)	・リヌパル(U2311 ・M(Alb)、Mk1(Cen)、Mk2(Tur:Sub＆コリグノ)、U1(Tur:Ree、Sub、M-Ryu、シュドバロイシ)、U2(Con:ニッポ、バロイシ、プリオノ)、U3(Con～San) ・上一の沢とその枝沢岩石沢等の産出記録が詳細で極めて有用。	A	金尾別林道
	ネオカルディセラムス	・ダム完成前の産出情報	C	
ニッポm、ニッポｂ、ユーボm アニソセラス、ツリリテス	キャライコセラス、マンテリセラス マーシャライテス、フォルベシセラス サブプリオノカイクルス	・ニッポ産出地３箇所。岩石沢最短ルート。 ・地層の詳細図よりニッポ等の産出露頭の類推可?	A	岩石沢林道

文献名	受理年度等	著者	エリア / 水系	年代
Additional notes on some species of *Mantelliceras* (Ammonoidea) from central Hokkaido,North Japan	2005 vol.56 Bull Geologcl Surv Jpn	T Matsumoto S Toshimitsu	上一の沢第六枝沢滝(GK.H8363)、穂別トサノ沢(H3111)	Cen
The genus *Hourcquia* (Ammonoidea, Pseudotissotiidae) from the Upper Cretaceous of Hokkaido, Japan: biostratigraphic and biogeographic implications	2001.06.29 Paleontologi-cai Res.Vol5	F Kawabe Y Shigeta	岩石沢 ミルト幌向ダム	Tur
Stratigraphy and Paleontology of the Cretaceous in the Ishikari Province ,Central Hokkaido Part2. Stratigraphy of the Cretaceous in the Northern Areas	1986 Bull Natn Sci Mus Tokyo	M Futakami	奈井江川、美唄川 幌子芦別川 クマミ沢(キムン橋)	ﾅｲｴTur/Cam ﾋﾞﾊﾞｲCen/San ｸﾏﾐTur/Con
Cretaceous Stratigraphy in the Oyubari Area, Central Hokkaido,Japan	2000 Bull Natn Sci Mus Tokyo	F Kawabe	北大夕張全域 白金沢	Alb ~Tur
Some Coniacian Ammonites From Hokkaido (Studies of the Cretaceous Ammonites from Hokkaido ＊＊－XL)	1981 Trans Proc palaeont Soc No121	T Matsumoto K Muramoto H Hirano	ペロニセラス:幾春別 ソルネイセラス:桂沢 バロイシセラス:小平蘂	Con
A pachydiscid ammonite *Lewesiceras* from the Cenomanian of Japan/Studies of the Cretaceous ammonites from Hokkaido and Sakhalin-XCVI	2003 M.J.A.Sept12	T Matsumoto	穂別マッカウシ沢	Cen
Two ammonite species of *Mortoniceras* from the Yubari Mountains (Hokkaido) and their geological implication /Studies of … and Sakhalin-LXXXII	1988	T Matsumoto F Kawabe Y Kawasita	大夕張天狗沢	Alb
An interesting Pachydiscid Ammonite from Hokkaido	1989 20-Nov	T Matsumoto	真砂沢(シューパロ支流)	Con
Some Acanthoceratid Ammonite from the Yubari Mountains,Hokkaido Part1	1987	T Matsumoto T Suekane	Y5091	
A new Texanitine Ammonite from Hokkaido	1978 Trans Proc palaeont Soc No110	T Matumoto Y Haraguchi	ペンケホロカユーパロ(大夕張)	San
Turrilitid ammonoid *Carthaginites* from Hokkaio	2002.12.31 Paleontologi-cal Res.Vol4	T Matsumoto		Cen
Ontogeny and Variation in *Subprionocyclus neptuni*, an Upper Cretaceous Collignoniceratid Ammonite	1979 Bull Natn Sci Mus Tokyo	I Obata K Tanabe M Futakami	ポンポロムイ川(万字) アイオイ沢	Tur
Analysis of Ammonoid Assemblages in the Upper Turonian of the Manji Area, Central Hokkaido	1978 Bull Natn Sci Mus Tokyo	K Tanabe I Obata M Futakami	ポンネベツ、三の沢 ポンポロムイ、アイオイ沢	Tur
Early shell morphology in some upper Cretaceous Heteromorph Ammonites	1981 Trans Proc palaeont Soc No124	K Tanabe I Obata M Futakami		
Note on *Pravitoceras Sigmoidale* Yabe (Cretaceous Heteromorph Ammonite)	1981 Trans Proc palaeont Soc No123	T Matumoto Y Bando Y Morozumi	兵庫県淡路島	Cam(K6a)

異常巻き（自由巻き）	渦巻き	要旨 / 特記		林道
		・産出地のﾙｰﾄﾏｯﾌﾟなし。産出ﾎﾟｲﾝﾄの特定不可。	C	
	ホルキア	・白地畝、カラセミ沢では、Ｉテシオエンシス、サブプリオノネプチュニと共産 ・産出ポイントは不分明。	B	
ニッポsp、Hytヘテロ M-Ryu、ユーボsax	ライマニセラス、サハリナイテス ライマニセラス、プリオノカイクルス ANリマタム、Sub、Ｒｅｅ	・産出情報が正確であり、産出頻度にも言及。きわめて有用	A	美唄川林道、クマミ沢林道キムン
ツリリテス、ハミテス、アニソセラス ニッポニテス、ムラモトセラス M-Ryu、マリエラ	ミオゴードリセラス、アナゴサキア パーチセラス、ガビオ、パラジョー マンテリセラス、キャライコセラス	・北大夕張Ma×、Mb◎巨大ノジュールに化石.Mc～e○、Ｍｆ◎キャライコ Mg◎ ・白金Ｍ７◎カニング、シャーペイ、M8×～△、M9◎Cen/Tur M10◎ ・地質図のM8と本文献のM9が対比。	A	シューパロ、北の沢,天狗、日陰
	ペロニセラス、ソルネイセラス バロイシセラス(橋８ｍ上流)	・ペロニセラス：左股落ち口100m下流左土手 ・バロイシセラス：Ub/Ucの境界部に産出	B	
マリエラ	レウシセラス	・マッカウシ沢入り口	B	
	モルトニセラス	・Mb帯ではサキアやイノセラムスと共産。泥岩中の炭酸カルシュームム系のノジュール。植物片多し。 ・Ld帯からは、母岩直で産するが変形。	B	天狗沢林道Ａｌｂ～Ｃｅｎ
	ユーパキディスカスケラマサトシイ	・コニアシアンより産出した最古のユーパキ。トンゴボリセラスに似る。	C	
	シャーペイセラス	・具体的情報一切なし	C	
	テキサナイテスヤザキイ	・大夕張の概略地質年代図	B	
Carthaginites(ネオストリンゴセラス)		・三笠のキャライコセラスアジアティカムゾーン(Cen 中期)より産出するネオストリンゴセラス種についての比較検討。 ・産出情報は皆無。	C	
	リーサイディテス サブプリオノカイクルス	・ポンポロムイ最上流部の産出ポイント詳細図。	A	
ニッポ?、M-Ryu ユーボウーザイ	リーサイディテス サブプリオノカイクルス	・邦文文献と同一内容であるが、サブ、リーサの産出数が具体的。	A	
ユーボジャポニカム、ユーボサクソニカム M-Ryu、ネオクリオセラス スピニゲルム スカラリテススカラリス、スカラリテスミホエンシス		・異常巻の初期殻よりの巻き形状 ・異常巻の系統 ・産出情報については番号のみ	C A	
プラビトセラスシグモイダーレ Ｉシコタ→プラビト→ディディモ→メタプラ		・住房部のフックの捻りが、ディディモセラスより分派の証。中間体はなく、突然プラビト型に進化。住房部が長いことよりファンネルや触手形状が限定されＵ字部を前にし不活発なるも遊泳は可能。	A	

おわりに

本当に短期間で本書を書き上げることができた。2021年の8月上旬に大八木和久さんからお話をいただき半年も経っていない。パソコンに向かう生活とはほど遠い暮らしをしていて、朝から夕方まで化石のクリーニングとアンモナイトに関する文献探しが日課だった。化石本の執筆は、そんな日常に降って湧いたような有難い、いわば事件だった。

本のデザインや画像、文章を作成するソフトの購入、画像を撮るためのカメラの購入、使い方、スタートアップのためのページの枠組みの作り方などをお教えいただき、はては画像を撮るための下敷きのフェルトまで送ってきてくれた。

しかも「1年以上かけて本を書いていきたい」という私の願いなど、小人の戯言と見抜いておられ「半年あれば絶対できる」と本制作のためのタイムスケジュールまで組んでくれ、叱咤激励、協力、助言を惜しみなく与えてくれた。

大八木さんには何度も本書に「大八木和久監修」としていただくようお願いしたが、頑として断られた。大八木さんの親心からと容易に推測できる。

文字通り大八木さんのご好意、協力なくして本書はでき上がらなかった。感謝の念に堪えない。

困ったのは、大八木さんからの本のデザインに関するアドバイスなのだが、さっぱりわからない。編集ソフトなど使ったことがなく、いやそれ以前にパソコンは電源を入れることすらおぼつかなく、そのパソコンもOSがなくせっかく買ったソフトも入れられない。今度は適当なパソコンを買いソフトを入れるという難事業が立ちはだかった。そのあたりのすべてと画像を撮るための小道具など一切を友人の松村謙氏がそろえてくれた。

さあ、やるぞとパソコンに向かうと新手の強敵、編集ソフトが立ちはだかり、画像の取り込み、ページ枠の設定、分割などあまたの難問が次から次へと、本当にいやになるほど現れるのである。その度に、ご近所の知人である古賀雅史氏に教えてもらった。仕事帰りに拙宅に立ち寄って本当に親身に教えていただいた。

また標本画像や採集地などの風景画像については共著者、寄稿者である小西逸雄氏（標本画像のKNと表示したもの）、曾和由雄氏（標本画像のSWと表示したもの）、葛木啓之氏（標本画像のEGと表示したもの）、さらに大八木和久氏（標本画像のOYGと表示したもの）のご協力をいただいた。

のみならずこの4名の方々なくして関西からの北海道までの巡検は成り立たず本当に多くのことを学ばせていただいた。化石採集を趣味としていて得られた最大の収穫である。

北海道の方々にも大変お世話になった。師匠の堀田良幸さんにはすべてを教わったような気がする。のんびりと自然を楽しみながらの化石採集スタイルは大好きだ。あわてず化石があれば、あるものをいただき、なければ山菜やキノコをいただく。大自然爽快なりといわんばかりだ。

千歳化石会の千代川さん宅や、中川化石会の遠藤さん宅には何度かお邪魔をして、化石を拝見させていただいたり、化石をいただいたり、林道での注意などお教えいただいたりで15年以上も前のことになるが今でも鮮明に記憶に残る。

士別の友人、相原健児氏にも化石やノジュールをいただき巡検にもお付き合いいただいた。本当に多くの方々の恩を受け、あるいは、支えられ標本を集めることができ、本を仕上げることができたと痛感する。

本を書くとなると、標本の一からの整理、文献の読み直し、パソコンの多少なりともの習得などで時間に追われ家事に関する一切の責任を放棄し、しかも助力を家族に求める羽目になったが本当によく家族が手伝ってくれた。何よりの支えであった。

アマチュアによるアンモナイトの同定書なので間違いや思い込みがあると思う。本書が「叩き台」になり読者の次のステップへの踏み台になれば幸甚だ。

本書で示した地図は国土地理院のものを利用させていただいた。

最後に本書発刊の企画を、快くお引き受けいただいた築地書館の皆さまには衷心より感謝申し上げたい。

2022年6月

守山容正

著者紹介

守山容正（もりやま ひろまさ）

1953年 大阪府生まれ。サラリーマン、自営業を経て目下化石に没頭中。
小西逸雄氏との出会いがきっかけで、学生時代に興味をもった化石採集を20年ほど前から本格的に再開。北海道在住時代に堀田良幸氏から北海道のアンモナイトの魅力を脳裏に焼き付けられ興味の中心は北海道のアンモナイトに。
和泉地学同好会、兵庫古生物研究会所属。
大阪市住吉区在住。

曾和由雄（そわ よしお）

1956年 和歌山県生まれ。
幅広い化石活動で論文の共同発表も。非常に身軽で急な崖のノジュールもいとも簡単に採取。クリーニング用のツールの改良も得意で、クリーニングの技量は周囲から突出している。
和泉地学同好会、兵庫古生物研究会、八日市地学趣味の会所属。
本書で、命を吹き込むクリーニングを執筆。

共著者・寄稿者紹介

小西逸雄（こにし いつお）

1956年 兵庫県生まれ。
和泉地学同好会を創始し化石の魅力を多方面に発信。同時に兵庫古生物研究会の副代表を務め、化石に関する多くのイベントを企画、運営している。
和泉層群のアンモナイト、貝、サメの歯などの化石の研究に重点を置いて活動。
実体顕微鏡による「精密クリーニング」は圧巻。
本書で、和泉層群の産地紹介と精密クリーニングを執筆。

葛木啓之（かつき ひろゆき）

1953年 奈良県生まれ。
多方面の化石に興味をもち、大八木氏と全国を巡検。国内のみならずアメリカをはじめ中国、南米等世界各地で化石採集をしている。温厚な指導力で巡検時にはメンバーのまとめ役も。
和泉地学同好会、兵庫古生物研究会所属。
本書で、われわれの巡検記を寄稿。

採集と見分け方がバッチリわかる
アンモナイト図鑑

2022年 8 月5日　初版発行

著者　　守山容正
発行者　　土井二郎
発行所　　築地書館株式会社
東京都中央区築地7-4-4-201　〒104-0045
TEL 03-3542-3731　FAX 03-3541-5799
http://www.tsukiji-shokan.co.jp/
振替 00110-5-19057
印刷・製本　中央精版印刷株式会社
装丁・本文デザイン・組版　秋山香代子

 ISBN978-4-8067-1640-2

● 築地書館の本 ●

岩石と文明　上・下
25 の岩石に秘められた地球の歴史

ドナルド・R・プロセロ［著］　佐野弘好［訳］
各 2,400 円＋税

どんな岩石にも物語があり、地球の歴史を読み解く貴重な証拠に満ちている。サイエンスとしての地球科学を築いた発見の数々とその発見をもたらした岩石や地質現象を描く。

11 の化石・生命誕生を語る［古生代］
化石が語る生命の歴史

ドナルド・R・プロセロ［著］　江口あとか［訳］
2,200 円＋税

先カンブリア時代のストロマトライト、単細胞から多細胞への変化、三葉虫、バージェス動物群、古生物学者たちの研究史とともに生命の歴史を語る。

8 つの化石・進化の謎を解く［中生代］
化石が語る生命の歴史

ドナルド・R・プロセロ［著］　江口あとか［訳］
2,000 円＋税

陸にあがった生物たちは、そこでどのような進化をとげたのか。生物の陸上進出から哺乳類の登場までを、進化を語る化石で解説する。

6 つの化石・人類への道［新生代］
化石が語る生命の歴史

ドナルド・R・プロセロ［著］　江口あとか［訳］
1,800 円＋税

人類発祥の地はユーラシアか、ブリテンか、アフリカか。
科学界にもおよんでいた人種差別、固定観念を乗り越えて、化石から浮かび上がる人類進化の道。